普通高等教育"十一五"国家级规划教材

高职高专计算机系列

数据结构（Java 语言版）

王学军　主编

宋汉珍　主审

人民邮电出版社

北 京

图书在版编目（CIP）数据

数据结构：Java 语言版 / 王学军主编. —北京：人民邮电出版社，2008.8（2023.1重印）
普通高等教育"十一五"国家级规划教材. 高职高专计算机系列
ISBN 978-7-115-18577-8

Ⅰ. 数… Ⅱ. 王… Ⅲ. ①数据结构—高等学校：技术学校—教材②JAVA 语言—程序设计—高等学校：技术学校—教材 Ⅳ. TP311.12 TP312

中国版本图书馆 CIP 数据核字（2008）第 114291 号

内 容 提 要

本书共分 10 章，重点介绍 3 种基本数据结构及其应用，主要内容包括绪论、Java 语言基础知识、线性表、栈和队列、数组和广义表、串、树与二叉树、图、查找和排序等。本书采用 Java 语言描述数据结构中的算法，每章配有一定数量的具有完整程序的实例，并在最后提供难易适中、与所讲理论知识相配套的习题，帮助读者学习和理解理论知识。

本书面向高等职业院校学生，语言通俗易懂，每章都由实例引入，理论和实践紧密结合。全书重点突出基本理论和基本算法的实现过程，强调实践性和实用性。另外本书配有电子教案和习题解答，可从人民邮电出版社的网站（www.ptpress.com.cn）下载。

本书可作为高职高专院校计算机及相关专业"数据结构"课程的教材，也可作为各类计算机培训班的教材。

普通高等教育"十一五"国家级规划教材
高职高专计算机系列
数据结构（Java 语言版）

◆ 主　编　王学军
　　主　审　宋汉珍
　　责任编辑　张孟玮
　　执行编辑　王亚娜

◆ 人民邮电出版社出版发行　　北京市丰台区成寿寺路 11 号
　邮编　100164　电子邮件　315@ptpress.com.cn
　网址　http://www.ptpress.com.cn
　北京市艺辉印刷有限公司印刷
◆ 开本：787×1092　1/16
　印张：15.75　　　　　　　　2008年8月第1版
　字数：384千字　　　　　　　2023年1月北京第21次印刷
ISBN 978-7-115-18577-8/TP

定价：25.00 元
读者服务热线：(010)81055256　印装质量热线：(010)81055316
反盗版热线：(010)81055315

前　言

"数据结构"是计算机及相关专业的重要专业基础课程。随着计算机技术的不断发展，数据结构的内容也需要做适当调整，重点要提高学生的实践能力。本书就是以计算机及相关专业学生必须掌握的知识为核心，以高等职业教育所培养的学生应该具备的能力为依据，以突出实践性和实用性为目的，进行设计编写的。

本书编写人员都是长期从事高等职业教育计算机教学的一线教师，具有丰富的教学和实践经验，同时编写组中还有在企业从事过 Java 软件开发的工程人员。

本书的主要特色如下。

（1）内容选取合理，组织得当。本书根据高等职业教育计算机人才培养目标组织内容，理论部分以够用为度，重点突出实践性和实用性。每章都由实例引入，并且配备一定数量的扩展实例（其中包括一部分工程实例），有助于对理论知识的消化、理解。

（2）算法实现方式先进，适合学生学习。本书采用 Java 语言作为数据结构算法的实现语言，体现面向对象语言的特色，使数据结构的相关算法实现更加方便，教学效果更加突出。

（3）定位准确、恰当，适合高职高专院校学生使用。本书主要面向高职高专院校学生，目的是把学生培养成高等技术应用型生产一线人才。

（4）突出适合高等职业教育的任务驱动方法。本书所有内容都以学习任务的方式给出，帮助教师把握在教学中应该注意的重点、难点。

本书建议学时为 70~90 学时，其中理论学时为 50~60 学时，实践环节学时为 20~30 学时。授课时应以任务驱动为主，理论结合实际，突出实例在本课程教学中的作用。

本书由王学军担任主编，董国增、郑阳平、张暑军担任副主编。编写任务分工如下：第 1、3、4、9 章由王学军编写，第 7 章由董国增编写，第 2、5、8 章由郑阳平编写，第 6、10 章由张暑军编写。宋汉珍教授担任主审。全书由王学军、郑阳平统稿，张暑军对书中的程序进行了审核。主审宋汉珍教授对本书的编写计划、大纲及全书内容进行了详细审阅，并提出了许多建议。另外，在本书的编写和前期研讨过程中，还得到了马晓晨、谢懿、郝春雷、李海明、牟学鹏、张清涛、李杰等教师的大力帮助；同时，在程序调试和校验审核方面也得到了何林芳、王小红、薛显、郭开文、马永明、程瑞、胡国庆等同学的大力支持。在此一并表示感谢！

由于作者水平有限，书中难免存在不妥之处，敬请读者批评指正。

编者
2008 年 5 月

目　　录

第 1 章 绪论

【内容简介】

本章通过实例引入数据结构的概念，主要介绍线性结构、层次结构（树形结构）以及网状结构（图形结构）等常用数据结构的基本概念，算法的概念以及描述算法的一般规则，算法的时间复杂度和空间复杂度的简单分析与评价等。

【知识要点】

- ✧ 数据结构中的常用术语；
- ✧ 线性结构、层次结构和网状结构的结构特点；
- ✧ 算法的定义、特性以及描述规则；
- ✧ 时间复杂度、空间复杂度的定义以及评价规则。

【教学提示】

本章作为该课程的入门，共设 3 学时，对于有 Java 语言基础的学生，可安排 2 学时，重点讲解数据结构的基本概念及相关知识。在本章的学习中，要注意对数据结构概念的引入，重点是对实例的理解以及如何利用 Java 语言知识来理解数据结构的相关概念。算法的空间复杂度等相关内容可作为选学内容。

1.1 数据结构的 3 种基本结构

【学习任务】 了解该实例的含义，进而初步了解数据结构的相关概念。

【例 1.1】 某大学拟建立校园网络，设计了如图 1.1 所示的网络拓扑结构图。

现对该网络拓扑结构图进行分析。首先通过观察发现，该图中有若个交换机，需要了解其性能参数、接口配置、相互之间的联系等信息。下面通过从该校园网中交换机的基本信息、交换机之间的层次关系、交换机之间的传输距离等问题着手，引入数据结构中 3 种基本结构的概念。

1.1.1 线性结构

1. 通过对交换机信息分析，引入线性结构

该校园网的交换机信息如表 1.1 所示。通过该表可以看出，每个交换机的信息构成了一个整体，而这些交换机信息又构成了一个整体，而单纯从这些信息角度看，它构成一种顺序关系，称其为线性结构。

表 1.1　　　　　　　　　　　　　　　某学校校园网的交换机信息

名　称	性　质	数　量	传输速率
STAR-S6808	核心路由交换机	1	1000Mbit/s
S3550-12G	楼宇交换机	6	1000Mbit/s
STAR-1926G+	楼层交换机	若干	100Mbit/s

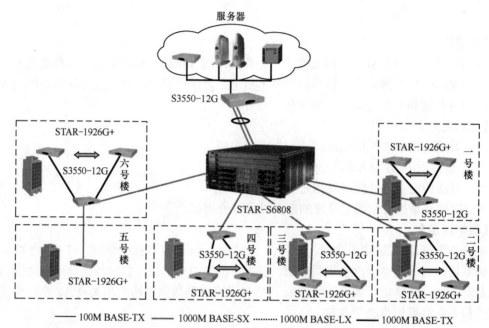

图 1.1　某学校校园网络拓扑结构图

　　在日常生活经常会遇到和上面结构类型相似的表结构，例如工资管理系统、人事管理系统、仓库库存管理系统、图书管理系统等。

　　【例 1.2】图书管理系统。某学校图书信息包括图书编号、书名、数量和价格等方面的信息，如表 1.2 所示，一行表示一条数据记录（简称记录），即表示某种图书的信息；一列代表一个属性，称其为字段，表示该记录中某一方面的属性。每种图书信息的位置有先后次序，它们之间形成一种线性关系。

表 1.2　　　　　　　　　　　　　　　某学校的图书信息系统

图 书 编 号	书　名	数　量	价　格
200101	计算机组成原理	35	35
200405	大学英语	35	28
200436	高等数学	140	24
200617	计算机基础	70	18

续表

图书编号	书　　名	数　　量	价　　格
…	…	…	
200705	机械设计基础	35	21

对上述具有线性结构的信息可以进行的主要操作有查找系统中的某个信息、修改系统中的某条记录信息、在固定的位置插入和删除相应的数据信息等，即查询、插入、删除、修改等相关操作。

2. 数据的相关概念

数据是数据结构最基本的概念，数据的构成及数据的性质是掌握数据结构概念的基础。数据分为数值型数据和非数值型数据。数据通过编码成为能被计算机识别、存储和处理的符号。根据数据的不同划分和分类，可以得出数据的一组相关概念。

数据（Data）是描述客观事物的数据集合。例如在【例 1.2】中，每个描述图书的记录就是一个数据。这些数据有一个共同的特点，即它们都是可以被输入到计算机中并能被计算机识别、存储和处理的符号。

数据元素（Data Element）是构成数据的基本单位。有些数据是由单个元素构成的，例如{1，2，3，4，5，…，100}中的每个数字就是一个数据，而有些数据是由一些元素构成的。对于【例 1.1】中交换机的信息和【例 1.2】中描述图书的信息都是由一组数据构成的。

数据项（Data Item）是数据结构中的最小单位。当数据元素由多个项构成时，其每个分项称为数据项，例如，图书信息系统中的图书编号、书名、数量、价格等都是数据项。

数据对象（Data Object）是指相同性质的数据元素构成的集合。在【例 1.1】中的交换机信息和【例 1.2】中的图书信息，都具有相同的性质和相同的数据类型，这样的数据构成的集合就是一个数据对象。

1.1.2　层次结构

1. 通过校园网交换机之间的层次关系，引入层次结构

按照交换机之间的管理和被管理的关系，形成了一种层次结构（也称为树形结构），如图 1.2 所示。每个交换机都称做该结构中的节点，节点之间形成了一对多的树形关系。

和如图 1.2 所示的结构类似的还有计算机目录之间的关系、公司部门的结构关系等。

图 1.2　某校园网交换机之间的层次关系示意图

【例 1.3】 计算机某磁盘（以 C 盘为例）的目录结构如图 1.3 所示，该磁盘的根目录下有 4 个子目录（USER、WINDOWS、DOWNLOADS、WMPUB），每个子目录下面又设有两个子目录，它们之间形成了一种层次关系，这就形成了一种树形结构，每个目录都称做该结构中的节点，节点之间形成了一对多的关系。

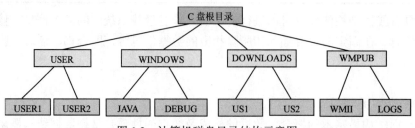

图 1.3 计算机磁盘目录结构示意图

对树形结构可以进行的操作主要有：节点的查找、节点信息的修改、节点的插入和删除等。

2. 数据结构的相关概念

通过上面的两个例子可以看出，数据是构成数据结构的基础，而数据之间的关系是进行数据操作的基础。下面介绍数据结构的相关概念。

数据结构（Data Structure）是指具有某种联系的数据元素以及元素之间所构成的各种关系组成的集合。数据元素不是孤立存在的，正因为在它们之间总存在某种相互关系，才构成了数据元素之间的各种关系，这些关系称为结构。数据的结构可分为数据的逻辑结构和数据的物理结构。

逻辑结构（Logical Structure）是指构成数据结构的数据元素相互之间本身具有的逻辑关系，例如【例 1.1】中的交换机信息和【例 1.2】中的图书信息就都是线性关系，图 1.2 中交换机之间的层次关系和图 1.3 中目录之间的层次关系都属于逻辑关系。物理结构（或存储结构）是指构成数据结构的数据元素及其关系在计算机中的描述和表示。一种数据结构可对应一种或多种物理结构。

3. 数据结构的描述

数据结构是由两个集合构成的一个二元组<D，R>。其定义如下：

<D,R>={

$\{d_i | 1 \leq i \leq n, n \geq 1\}$　　//表示构成数据结构的数据元素的集合，其中 d_i 表示第 i 个数据元素，
　　　　　　　　　　　　n 为 D 中数据元素的个数

$\{r_j | 1 \leq j \leq m, m \geq 1\}$　　//表示数据元素之间的各种关系，r_j 表示数据元素之间的第 j 个关系，
　　　　　　　　　　　　m 为 D 上的关系个数

}

1.1.3 网状结构

1. 通过对交换机之间的位置和距离进行分析，引入图形结构

图 1.4 所示为另一学校的网络拓扑结构，在其网络布线和施工的过程中，需要了解交换

机之间的位置，以及它们之间的距离等关键性的问题。

　　由图 1.4 可看出，各节点之间形成了一种网状结构（也称为图形结构），该结构的特点是每个节点之间都可以建立联系，形成了一种多对多的网状关系。与该结构类似的还有交通图、地图、通信网络图等。

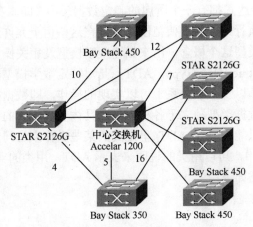

图 1.4　某学校校园网交换机之间的位置和距离示意图

　　【例 1.4】　哥尼斯堡七桥问题。在 18 世纪的东普鲁士的哥尼斯堡城市，有条横贯全城的普雷格尔河和两个岛屿，在河的两岸与岛屿之间架设了 7 座桥，把它们连接起来（见图 1.5 所示）。将如图 1.5 所示的问题抽象成一个数学问题，就得到如图 1.6 所示的无向图。

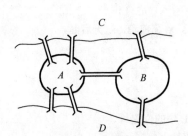

图 1.5　哥尼斯堡七桥问题示意图

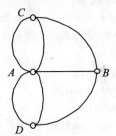

图 1.6　七桥问题抽象化示意图

　　由图 1.5 可以看出，A、B、C、D 4 个节点之间都可以产生联系，即多对多的关系，这就是数据结构中的网状结构（也称为图形结构）。

　　在网状结构中可以进行的操作有：检索顶点，查找某顶点到其他顶点之间的路径，求最短距离，求关键路径等。数据结构既可以描述数值型数据的特点，也可以描述非数值型数据的计算问题。

　　2.　数据结构的分类

　　根据数据结构中相关数据元素之间的不同关系，可将数据结构分为线性结构、树形结构和图形结构 3 类。

　　① 线性结构：该结构的数据元素之间形成一对一的线性关系，【例 1.2】就是线性结构。

　　② 树形结构（层次结构）：该结构的数据元素之间存在着一对多的关系，【例 1.3】就是

树形结构。

③ 图形结构（网状结构）：该结构的数据元素之间存在着多对多的关系，【例 1.4】就是网状结构。

数据类型（Data Type）和数据结构之间有着密切的联系，在许多由高级语言编写的程序中，对于常量、变量或表达式都有一个所属的确定数据类型（即本身的数据特点）。根据数据特点，决定了它在程序执行期间的取值范围，以及在这些值上允许进行的操作。在数据结构中，专门提出抽象数据类型这个概念，用来描述数学模型及相关操作。

抽象数据类型（Abstract Data Type，ADT）是对特定数学模型的数学描述，包括操作的数据，数据之间的关系，以及在该关系上可以实现的操作，即数据类型一般由元素、关系及操作三要素组成。抽象数据类型独立于各种操作的具体实现。它的优点是将数据和操作封装在一起，使得用户程序只能通过在 ADT 里定义的某些操作来访问其中的数据，从而实现了信息隐藏。在 Java 语言中，可以用类的说明来表示 ADT，用类的实现来实现 ADT。

抽象数据类型可描述如下：

ADT 抽象数据类型名
{
　　数据对象: (数据对象的定义);
　　数据关系: (数据关系的定义);
　　基本操作: (基本操作的定义);
};

【例 1.5】 【例 1.2】中线性结构对应的抽象数据类型定义如下：

ADT book_list {
数据元素：每条图书记录 x_i 为一数据元素，$i=1$，2，…，n（$n \geq 1$）。
逻辑结构：所有数据元素 x_i 存在线性关系（x_i, x_{i+1}），x_1 无前趋，x_n 无后继。
基本操作：

Initbook_List(L);	//建立空线性表
Lengthbook_List(L);	//求线性表长度
GetElement(L,i);	//取线性表中的第 i 个元素
Searchbook_List(L,x);	//确定元素 x 在线性表 L 中的位置
Insertbook_List(L, i,x);	//在线性表中第 i 个位置插入数据元素 x
Deletebook_List(L,i);	//删除线性表中第 i 个位置的数据元素
...	

};

1.2 数据结构研究的主要问题

【学习任务】 了解数据结构所研究的主要问题，为后面的学习奠定基础。

数据结构是一门研究数据的各种逻辑结构和存储结构，以及对数据各种操作的课程，即研究数据的逻辑结构、数据的物理结构以及对数据的操作实现。所有的计算机系统软件和应用软件的编写都要用到各种类型的数据结构。数据结构将解决计算机中处理的大量数据元素，大量的数据类型，以及越来越复杂的数据之间的关系。

例如，在【例 1.2】的图书管理系统中，每一种类的书和其他书之间整体上构成了前后对应的线性关系，即逻辑结构，同时还要了解这样的数据如何在计算机中进行存储，即存储结构（假设使用数组进行存储），这样才可以讨论其相应操作，如插入、删除、查询、修改等。

在高级程序设计语言中，数据结构描述的是所能表示并可以存储的数据种类和数据实体（即物体），数据实体是指在一种数据类型中的所有数据构成的集合；数据结构就是数据实体（即物体）中各元素之间的关系。

例如，数组 A={1，2，3，4，5，6，7，8，9，10}表示的是小于等于 10 的自然数集合，其中每个数是数据实体，而各元素之间的关系就是前后元素之间的一对一关系，即 1 的后面是 2，2 的后面是 3，……，这样就在集合 A 中实现了数据之间的线性关系。

数据结构是计算机类专业的一门专业基础的课程，是学习操作系统、数据库原理等专业课的基础。数据结构涉及了数学范围的诸多知识，计算机硬件范围的编码理论、存取装置和存取方法等知识，软件范围的文件系统、数据的动态存储管理和信息管理等知识。所以说数据结构是介于数学、计算机硬件及软件三者之间的一门核心课程。许多学校将数据结构课程设为计算机类专业的主干课程。

1.3　算法及描述

【学习任务】　算法的理解及其特征，重点掌握由数学问题演变成算法的过程，以及算法的特征及评判标准。

当利用计算机来解决一个具体问题时，一般需要经过如下几个步骤：首先要从具体问题抽象出一个适当的数学模型，然后设计或选择算法来解决此问题，最后进行编程，直至得到正确的解答，这就是所谓的算法。随着计算机应用领域的扩大和软、硬件的发展，非数值计算问题显得越来越重要。据统计，当今处理非数值计算性问题占用了 90%以上的机器时间。这类问题涉及的数据元素之间的相互关系更为复杂，解决这类问题的关键是要设计出适合的数据结构，这样才能有效地解决问题。算法的设计取决于数据的逻辑结构，算法的实现取决于数据的物理存储结构。同时还要考虑执行算法时的时间和空间效率。

1.3.1　算法与算法特性

根据数据结构所研究问题的性质，可以得出如下的结论：

数据结构=逻辑结构+存储结构+相应算法（或操作）

因此，算法在数据结构中起着非常重要的作用。

1. 算法的概念

算法（Algorithm）是指为完成某项任务或者特定问题所设计的一种求解步骤的描述。算法可以理解成指令的有限序列，其中每一条指令可由一个或多个操作组成。

说明：算法的含义与程序十分相似，但又有区别。算法是解决问题的步骤分析，而程序是具体实现算法的有效工具。

通过算法解决实际问题的过程可用如图 1.7 所示的流程图来描述。

2. 基本特性

根据定义可知，算法实际上是一个问题的求解描述过程，因此它应该有很多的特性，按照算法的设计实现过程，从以下 5 个主要方面进行描述。

① 算法数据的输入性：一个正确的算法必须具有零个或多个数据输入，这些输入可根据具体的算法来实现。

② 算法步骤的确定性：构成算法的每一步必须有确切的含义，不能出现歧义，即构成算法的每个步骤必须要有确定的意义。

③ 算法步骤的可执行性：即健壮性，算法中的每个步骤都可以通过具体的操作步骤来实现，不能设计一些不能实现的操作步骤。

④ 算法步骤的有限性：即算法的完结性，一个算法必须在有限步骤之内结束或完成，或者说算法必须在有限时间内结束或完成。

⑤ 算法结果的输出性：一个算法至少要有一个或多个结果输出，这些结果的输出同样构成算法的某个特性。

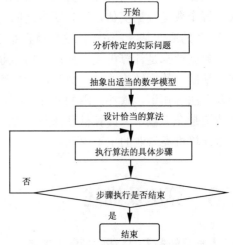

图 1.7　利用算法解决实际问题的流程图

算法还有其他一些特性，例如实效性、区域性等，希望读者在实际算法应用过程中深刻体会。

算法和程序是有区别的，算法代表了对问题的解决方案，而程序则是算法在计算机上的特定的实现。一个算法若用程序设计语言来描述，则它就是一个程序。

算法与数据结构则是相辅相承的。解决某一特定类型问题的算法可以选定不同的数据结构，而选择得恰当与否将直接影响算法的效率；反之，一种数据结构的优劣是由各种算法的执行来体现的。

3. 算法的评判标准

一个好的算法通常要达到以下的要求：首先，算法必须是正确的，即其执行结果应当满足预先规定的功能和性能要求；其次，一个可行的算法必须是可以被多个用户读懂的，应当思路清晰、层次分明、简单明了、易读易懂；再次，一个确定的算法每个步骤一定是确实可行的，不能产生二义性；最后，用户设计的算法一定是效率比较高的，对存储空间和时间效率的考虑一定要全面。

1.3.2　算法表示

算法是解决实际问题的有效方法，算法的表示也非常重要，可以使用各种不同的方法和语言进行描述，具体可分为如下 4 种。

（1）自然语言

自然语言是描述算法最简单的方法，其优点是简单且便于阅读；缺点是转换成高级语言困难。

（2）高级语言

高级语言可以准确描述算法，也可以根据相应情况给出问题的解决方案，但是高级语言和人们自然的思维有一定的距离。

（3）类语言

类语言是介于高级程序设计语言和自然语言之间的一种语言，用其来描述算法可以避免上面两种语言的缺点。

（4）流程图

流程图是表示算法比较有效的方法之一，它采用框图形式，形象地描述从实际问题到抽象出的数学模型到最后的算法。

常见的流程图样式如图 1.8 所示。

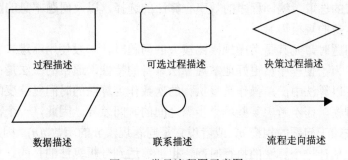

图 1.8　常见流程图示意图

流程图能够正确、形象地描述出算法的各个步骤以及相互之间的关系，例如，如图 1.7 所示的流程图就形象地描述出具体实际问题、抽象的数学模型以及算法执行之间的关系。希望读者能准确掌握流程图的含义以及使用流程图的正确方法，这对本课程的学习有很大帮助。

实际上，许多高级语言都可以对算法进行描述。但是利用 Java 面向对象程序设计语言的封装、继承和多态等特性，能够更深入地描述数据结构，因为在数据结构中，数据的逻辑结构、存储结构和对数据的操作是一体的，是相互依存的。

【例 1.6】　线性结构中的顺序查找。

```java
public static boolean seqSearch(char key) {     //顺序查找方法
    int i;
    char data[];
    for(i=0;i<10;i++) {
        System.out.print("结果");
        if(key==data[i])                        //数组中存在 key，返回 true
            return true;
    }
    return false;
}
```

该程序是利用面向对象的 Java 语言实现在数组中顺序查找算法的实例，体现了 Java 语言和数据结构描述之间的统一性。具体描述见本书第 2 章的介绍，本处不再赘述。

1.4 算法效率分析

【学习任务】 了解算法的实效性分析方法，重点了解时间复杂度的计算方法以及近似表示方法，并掌握通过时间复杂度判断算法优劣的方法。

通过前面的分析，每个算法都可以用多种方式实现，但是实现算法的效率是不一定相同的。每个程序执行所花费的时间，称为该程序的时间复杂度，如果忽略语句间的执行时间差别，一般用该程序每条语句的执行次数作为该程序的时间复杂度进行判断。对时间复杂度的判断，是断定某程序（或算法）效率是否高的标准之一。

一个算法的时间复杂度（Time Complexity）是指在计算机上运行该算法（或程序）所需要的时间。实际上，每个程序员都知道，算法执行的时间和很多因素都有关系，例如，机器的性能、算法语言的选取、编译程序的效率、算法的选择，以及问题本身的因素（如问题的复杂程度、问题本身的规模等）。

在针对实际问题时，尤其是考虑规模比较大的问题时，一般使用渐进式表示法来判别算法的时间复杂度。为了使程序员更好地掌握算法本身的特性，通常的做法是：在不考虑不确定情况的前提下，以算法中简单操作重复执行的次数作为算法的时间复杂度的衡量标准，即主要考虑问题的规模，而不考虑某些单个步骤之间的时间差异。因此，一个特定算法的运行时间长短更多地依赖于问题的规模 n，或者说它是问题规模 n 的函数 $f(n)$，因此，引入渐进时间复杂度在数量上估计一个算法的执行时间，也能够达到分析算法的目的。算法时间的度量记做

$$T(n)=O(f(n))$$

它表示随问题的规模 n 的增大，算法执行时间的增长率和 $f(n)$ 相同。$O(f(n))$ 称为算法的渐进时间复杂度（Asymptotic Time Complexity），简称时间复杂度。

【例 1.7】 在数组中查找数据。

```
public static boolean seqSearch(char key){
    int  i=0, counter=0;                              //定义并赋初值语句执行两次
    char[] data={'b', 'm', 'd', 'm', 'c', 'a', 'f', 'e', 'g', 'h'};   //定义并赋初值语句执行两次
    while(i<10) {                                     //执行了 10 次
        System.out.print("结果");                      //执行了 10 次
        if(key==data[i])                              //执行了 10 次
            counter++;                //执行的次数和 key 在 data 数组中出现的次数一致
        i++;                                          //执行了 10 次
    }
}
```

计算机执行这个算法时，第 1、2 条语句定义并赋初值语句都各执行两次简单操作，第 3 条 while 循环语句以及循环体语句除语句 counter++；执行的次数和 key 在 data 数组中出现的次数一致外，均执行 10 次，把所有语句的执行次数加起来就得到 44+（key 在 data 数组中出现的次数）。

当上例中的循环次数不是 10，而是 n 次，则该例中每条语句的时间复杂度为 2、2、n、n、n、key 在 data 数组中出现的次数、n，即时间复杂度的总和为

$$f(n) =4*n+4+（\text{key 在 data 数组中出现的次数}）$$

其复杂度表示为 $T(n)=O(n)$。

【**例 1.8**】 设有如下的时间复杂度计算结构，判定它们之间的复杂度关系。

$T1(n) =2n^3+3n^2+5$ $T2(n) =20n^2+30n+50$ $T3(n) =200n+300$

$T4(n) =2000$ $T5(n) =20(\log_2 n)$ $T6(n) =20(2^n)$

分析：根据算法渐进式表示方法可以知道，当问题的规模 n 较大时，主要考虑其规模，常用 $O(1)$ 表示常数计算时间，则有下面的结果：

$T1(n)=O(n^3)$ $T2(n) =O(n^2)$ $T3(n) =O(n)$

$T4(n) =O(1)$ $T5(n) =O(\log_2 n)$ $T6(n) =O(2^n)$

其渐进时间复杂度及其关系为

$$O(1)<O(\log_2 n)<O(n)<O(n^2)<O(n^3)<O(2^n)$$

即

$$T4(n)<T5(n)<T3(n)<T2(n)<T1(n)<T6(n)$$

时间复杂度只是影响该算法效率的因素之一，还有很多因素可影响算法的效率，例如，算法的空间复杂度（Space Complexity）也是影响算法效率的因素之一，算法的空间复杂度是指程序从开始运行到结束运行所需的最大存储空间，其影响因素包括输入数据所占空间；程序本身所占空间；辅助变量所占空间等。同时空间复杂度也和机器性能、算法选取等很多因素有关系。类似于算法的时间复杂度，通常以算法的空间复杂度作为算法所需存储空间的量度。

习 题

一、简答题

1. 简述数据结构在计算机科学中的地位和作用。

2. 举例说明数据结构的 3 种结构。

3. 数据元素和数据项之间有什么区别，试举例说明。

4. 算法的时间复杂度和空间复杂度之间有矛盾吗？

（提示：在实现算法时，是否会因为提高时间复杂度，而增加空间复杂度，反之同理。）

5. 请列举属于 3 种基本数据结构的实例各一个，并指出其数据、数据元素、数据结构、逻辑结构等内容。

6. 简述下列概念，并给出相应的解释。

（1）数据类型   （2）数据结构   （3）逻辑结构   （4）存储结构

（5）线性结构   （6）非线性结构

7. 一个较好的算法必须满足的条件有哪些？

8. 计算下面题目的时间复杂度，并简单分析其空间复杂度。

（1） int i=1;
　　　　int[] a;
　　　　for(i=1;i<12;i++){
　　　　　　a[i]=i*2;
　　　　}
（2） int i=1,k=1;
　　　　int count;
　　　　for(i=1;i<9;i++)
　　　　　　for(k=1;k<=I;i++){
　　　　　　　　count=k*i;
　　　　　　　　system.out.print(i"*"k"="count);
　　　　}

二、思考题

1. 用 Java 语言描写数据结构中的算法与用其他语言描述算法各有什么优缺点？

2. 试举例说明数据结构、逻辑结构和存储结构之间的关系如何。

（提示：该题目的思考对于数据结构的学习有很大帮助，请认真思考。）

3. 结合 Java 语言的特点，说明如何正确理解抽象数据类型的定义和使用。

第 2 章 Java 语言基础知识

【内容简介】

本章主要介绍面向对象程序设计思想和 Java 语言的基础知识，重点介绍面向对象程序设计的封装、继承和多态等特性，利用 Java 对象引用的方式避免直接使用指针带来的安全隐患，实现利用 Java 语言描述数据链式存储结构的方法，重点灌输在数据结构中，数据的逻辑结构、存储结构和对数据的操作是一体的、相互依存的思想。

【知识要点】

◇ 面向对象程序设计思想；

◇ Java 语言基础知识；

◇ Java 程序的设计、编辑、编译和运行；

◇ Java 的"指针"实现。

【教学提示】

本章共设 6 学时，理论 4 学时，实验 2 学时。在学习中，要注意如何利用面向对象的 Java 语言来描述和刻画数据结构。通过对 Java 语言基础知识的学习，重点掌握 Java 程序的设计、编辑、编译和运行；掌握 Java 语言的对象引用方式，以及链式存储结构这个难点。熟悉 Java 语言的读者可以跳过本章。

2.1 实例引入

【学习任务】 通过实例分析，了解 Java 语言和 C 语言描述算法的区别，重点理解面向对象程序设计语言描述结构的直观性。

【例 2.1】 人事信息管理系统。

某企业拟建人事信息管理系统，其中某个数据库中的各字段设置包括姓名、性别、年龄等信息，对其操作的方法有插入、显示等。

若用 C 语言实现，表示如下：

```
struct  testman{
        char    name[];
        char    sex[];
        int     age;
```

```
        …
    };
```
用面向过程的 C 程序设计语言实现插入和显示等操作时，都需要单独自定义函数来完成。
若用 Java 语言实现，表示如下：

```
public class Testman{
    String name;
    String sex;
    int age;
    //设置插入方法
    public void insert(String name, String sex, int age){
        …
    }
    //显示方法
    public void display(String name, int age){
        …
    }
        …
}
```

　　用 Java 面向对象程序设计语言实现算法时，将数据成员和对成员操作的方法都封装在类中，其表现形式和数据结构的抽象数据类型的定义形式一致，因此 Java 语言更有利于数据结构中逻辑结构、存储结构以及算法的实现。

2.2　Java 语言概述

　　【学习任务】　了解 Java 语言的简单发展及特点，重点了解其面向对象程序设计的特点。
　　Java 语言是由 Sun Microsystems 公司的 James Gosling 领导的开发组开发的。自问世以来，Java 语言以其面向对象、简单高效、与平台无关、支持多线程、具有安全性和健壮性等特点，已成为目前最有吸引力且发展迅猛的计算机高级程序设计语言之一。还有其丰富的 API 文档和包罗万象的类库，可广泛用于面向对象的事件描述、处理和综合应用等面向对象的开发。实际上，Java 是程序设计平台，是开发环境，又是应用环境。因此，Java 语言的基本概念可以表示为

Java 语言=面向对象的程序设计语言+与机器无关的二进制格式的类文件+

Java 虚拟机+完整的软件程序包

2.3　面向对象程序设计简述

　　【学习任务】　掌握面向对象程序设计的基本概念及其基本特征，理解面向对象程序设计语言描述的数据结构。
　　在结构化程序设计中，数据的描述用数据类型表示，对数据的操作用过程或函数表示。

例如，在描述栈时，先定义栈的数据类型，再用过程或函数实现对栈的操作，这种方式是可行的，但不符合面向对象的程序设计思想。因为对数据的描述和对数据的操作是分离的，这将导致程序的重用性差、可移植性差、数据维护困难等。在数据结构的理论中，数据的逻辑结构、存储结构和对数据的操作是一体的，是相互依存的，所以用面向对象程序设计的特性，即封装、继承和多态等特性能够更深入地描述和刻画数据结构。

2.3.1　面向对象程序设计的基本概念

面向对象程序设计（Object Oriented Programming，OOP）思想是在原来结构化程序设计基础上的一个质的飞跃，是一种新的程序设计理念，是软件开发的一种方法，其本质是把数据和处理数据的过程当成一个整体——对象。

1．对象

从概念上讲，对象（Object）代表正在创建的系统中的一个实体。在日常生活中，对象是认识世界的基本单元，是现实世界中的一个实体，整个世界就是由各种各样的对象构成的。例如：1、2、3、学生、汽车、法律、表单等。每个对象都有自己的属性和方法，例如学生就是一个对象，他有身高、体重、姓名、性别等属性，也具有学习、跑、跳等方法。在面向对象的概念中，描述对象的状态和性质称为属性，用数据来描述；描述对象的行为及其操作称为方法。程序中的对象是数据和方法的一个封装体，是程序运行时的基本实体，可用公式表示为

对象 = 数据+方法（作用于这些数据上的操作）

2．类

类（Class）是对象的模板，是对一组具有共同的属性特征和行为特征的对象的抽象。抽象是一种从一般的观点看待事物的方法，它要求集中于事物的本质特征，而非具体细节或具体实现。因此，类和对象之间是抽象和具体的关系，即对象的抽象是类，类的具体化就是对象。类也具有属性，它是对象状态的抽象，用数据结构来描述；类也具有方法，它是对象行为的抽象，用方法名和方法体来描述。

3．消息和方法

对象之间进行通信的结构叫做消息（Message）。对象是通过传送消息给其他对象来实现交互和沟通的。在对象的操作中，当一个消息发送给某个对象时，消息包含接收对象去执行某种操作的信息。

类中操作的实现过程叫做方法（Method），一个方法具有方法名、参数和方法体。对象、类和消息传递示意图如图 2.1 所示。

2.3.2　面向对象程序设计的基本特征

面向对象程序设计的三大基本特征是：封装、继承和多态。面向对象的封装是把表示属

性的数据和对数据的操作包装成一个对象类型，使得对数据的存取只能通过封装提供的接口进行。数据的封装隐藏了数据的内部实现细节，将数据抽象的外部接口与内部的实现细节清楚地分开。

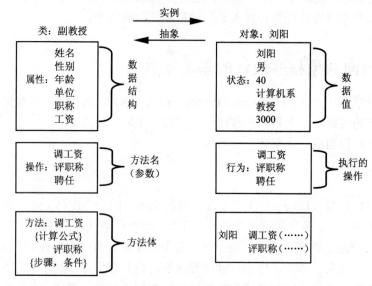

图 2.1 对象、类和消息传递示意图

继承是类与类之间存在的一种关系，它使程序员可在已有类的基础上定义和实现新类。继承是构造可复用软件构件的有效机制。继承机制为程序提供了一种组织，即构造和重用类的手段。继承使已有类的数据结构和操作被另一个类即派生类重用，在派生类中只需描述其基类中没有的数据和操作。这样，就避免了公用代码的重复开发，减少了代码和数据冗余。已有类就称为基类或父类，新类就称为派生类或子类。

面向对象程序设计中的多态性是指不同的对象收到相同的消息时会产生多种不同的行为方式。多态性主要表现在对象引用的类型具有多种形态，通过对象来引用方法也具有多种形态。多态性如同动物都要吃食物，而羊吃的是草，狼吃肉类，吃的方式和内容都不一样。

2.4 Java 语言基础知识

【学习任务】 掌握 Java 语言基础知识和 Java 程序设计、编辑、编译和运行，学会利用 Java 面向对象程序设计语言，更深入地描述和刻画数据结构。

Java 语言具有的多方面的优点、丰富的 API 文档和功能强大的类库，使得程序员的开发工作可以在一个较高层次上展开。

Java 程序中的每一条语句都以 ";" 结尾，利用 "{" 和 "}" 将一组语句括起来构成复合语句。在 Java 程序中一行注释以 "//" 标记；一行或多行注释可介于 "/*" 和 "*/" 之间。

【例 2.2】　一个简单的 Java 程序。

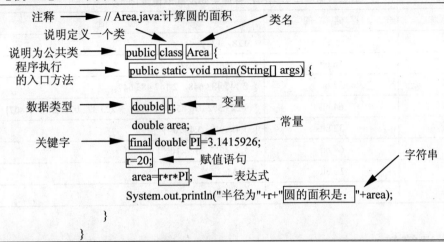

該程序运行的结果是在控制台上输出：

半径为 20.0 圆的面积是：1256.63704

【例 2.2】的程序中包含了变量、常量、关键字、数据类型、表达式和操作符（+、=）等构成 Java 程序的基本元素。

在一个 Java 源程序文件中，可以包含多个类的定义，但只能包含一个 public 类。若该类能独立运行则必须包含唯一的 main 方法。对**【例 2.2】**名为 Area.java 的文件而言，Area 就是该文件中定义为 public 类的类名。每个 Java 源程序都将被编译为*.class 的类文件，即 Area.java 经过编译就产生 Area.class 类文件。main(String[] args)是程序执行的入口。程序可以以命令行的方式运行，也可以在集成开发环境中运行。

2.4.1　数据类型

在 Java 语言中，数据类型包括 8 种基本数据类型和 3 种引用数据类型。它们的分类及关键字如图 2.2 所示。

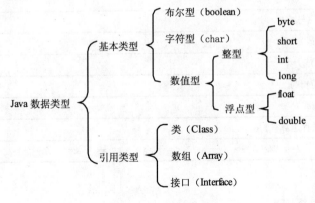

图 2.2　Java 数据类型

表 2.1 所示为 Java 语言基本数据类型数据在内存中所占的存储空间及其取值范围。

表 2.1 基本数据类型数据所占存储空间及其取值范围

类 型 名 称	存储空间	范　　围
byte	8 bit	[−128，127]
short	16 bit	[−32 768，32 767]
int	32 bit	[−2 147 483 648，2 147 483 647]
long	64 bit	[−9 223 372 036 854 775 808，9 223 372 036 854 775 807]
float	32 bit	[−3.4×10³⁸，3.4×10³⁸]
double	64 bit	[−1.7×10³⁰⁸，1.7×10³⁰⁸]
char	16 bit	Unicode 字符
boolean		true，false

2.4.2　运算符

在 Java 语言中，运算符包括算术运算符、关系运算符、逻辑运算符和位运算符 4 类。表 2.2 所示为 Java 语言中定义的运算符优先级及其结合性，按照优先级从高到低的顺序依次列出运算符，其中.、[]、()的优先级最高。表中"右⇨左"表示从右向左的结合次序。需要注意的是，+、−作为一元运算符时比作为二元运算符时的优先级高。

表 2.2 运算符的优先级及其结合性

优先级	运　算　符	结合性
1	.　[]　()	
2	++　--　~　!（非）　+　−　（一元运算符）	右⇨左
3	*　/　%	左⇨右
4	+　−　（二元运算符）	左⇨右
5	<<（左移）　>>（右移）　>>>（无符号右移）	左⇨右
6	<　>　<=　>=　instanceof	左⇨右
7	==　!=（不等于）	左⇨右
8	&（按位与）	左⇨右
9	∧（异或）	左⇨右
10	|（按位或）	左⇨右
11	&&（逻辑与）	左⇨右
12	||（逻辑或）	左⇨右
13	?：（条件运算符）	右⇨左
14	=　*=　/=　%=　+=　−=　<<=　>>=　>>>=　&=　∧=　|=	右⇨左

2.4.3　流程控制

在计算机高级程序设计语言中，程序按执行流程，分为 3 种流程控制结构：顺序结构、分支结构和循环结构。其流程图如图 2.3 所示。

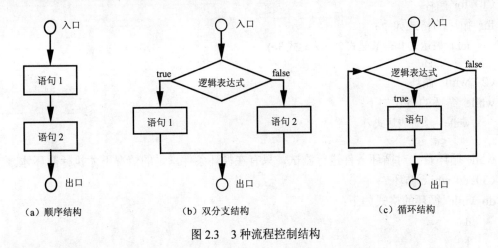

（a）顺序结构 （b）双分支结构 （c）循环结构

图 2.3 3 种流程控制结构

其中分支结构与循环结构需要使用固定语法的流程控制语句来完成。

1. 分支语句

Java 语言中有两种语句可用于分支结构，一种是 if 条件语句，另一种是 switch 多路分支语句。

（1）if 条件语句

if 条件语句的格式如下：

```
if (<条件表达式>)
    <语句 1>;
[else
    <语句 2>;]
```

（2）switch 多路分支语句

switch 多路分支语句根据表达式的取值来决定分支的选择，即 switch 多路分支语句先求表达式的值，再根据该值把控制流程转移到与之匹配的 case 后的语句开始执行，一直执行到下一个 break 处或者 switch 多路分支语句的末尾。如果都不匹配，而且存在 default 子句，那么执行 default 后面的语句。Switch 多路分支语句的格式如下：

```
switch (<表达式>) {
    case <常量表达式 1>: <语句 1>; break;
    case <常量表达式 2>: <语句 2>; break;
    …
    case <常量表达式 n>: <语句 n>; break;
    default: <语句>;
}
```

2. 循环语句

Java 语言中的循环语句包括 for 循环、while 循环和 do-while 循环。它们的共同点是，根据循环条件来判断是否执行循环体。除此之外，每个循环语句都有自己的特点，应根据不同的问题选择合适的循环语句。

（1）for 循环

for 循环的格式如下：

    for (<表达式 1>; <表达式 2>;<表达式 3>)

        <语句>;

（2）while 循环

while 循环的格式如下：

    while (<条件表达式>)

        <语句>;

while 循环首先对循环条件进行测试，只有在循环条件满足的情况下才执行循环体。

（3）do-while 循环

do-while 循环的格式如下：

    do

    {

        <语句>;

    }while (<条件表达式>);

与 while 循环不同的是，do-while 循环首先执行一次循环体，当循环条件满足时则继续进行下一次循环。

3．特殊的流程控制语句

Java 语言还提供了 3 种无条件转移语句：return 语句、break 语句和 continue 语句。break 语句立即结束包含它的最内层循环，通常与 if 条件语句和 switch 多路分支语句一起使用。而 continue 语句只结束当次循环继续执行下一次循环（执行下一次循环前先判断循环条件是否满足）。Java 语言中的 return 语句有两个作用：一个是返回方法指定类型的值；另一个是结束方法的执行。

【例 2.3】 显示金字塔型数字。

编写程序显示如下形式的数字塔：

```
                1
              2 1 2
            3 2 1 2 3
          4 3 2 1 2 3 4
        5 4 3 2 1 2 3 4 5
      6 5 4 3 2 1 2 3 4 5 6
    7 6 5 4 3 2 1 2 3 4 5 6 7
  8 7 6 5 4 3 2 1 2 3 4 5 6 7 8
9 8 7 6 5 4 3 2 1 2 3 4 5 6 7 8 9
```

程序如下：

```java
public class Ex0102{
    public static void main(String[] args){
        final int LINE=9;
```

```
        int row,column,num;
        for(row=1;row<=LINE;row++){                    //外层循环
            for(column=0;column<LINE-row;column++)      //前导空格
                System.out.print("   ");
            for(num=row;num>=1;num--)                   //前面的数字
                System.out.print(num+" ");
            for(num=2;num<=row;num++)                   //后面的数字
              System.out.print(num+" ");
            System.out.println();                       //换行
        }
    }
}
```

该程序中 System.out.println()和 System.out.print()都是向控制台显示字符串，前者是在显示字符串之后将光标移向下一行，即换行；而后者是执行完输出显示后不换行。

2.4.4　数组

数组（Array）是一组具有相同数据类型的数据集合。数组中的每个数据称为数据元素。每个元素均有唯一的编号，编号从 0 开始。对每个数据元素的引用由编号和下标运算符"[]"共同组成。由于数组的高效性，使它得到了广泛的应用。

1．一维数组

一维数组是数据结构中最基本的结构形式。数组中的数据元素可以是基本数据类型，也可以是引用数据类型。为了在程序中使用一个数组，必须声明一个引用该数组的变量，并指定该变量可以引用数组类型。声明一维数组变量的格式如下：

<数据类型> [] <数组名>;

或者

<数据类型> <数组名>[];

在 Java 程序中，使用数组前必须事先声明数组，这样程序在编译的过程中才能预留内存空间。要为数组分配内存空间，只有使用 new 操作符，数组才拥有一段连续的存储单元。使用 new 操作符创建一维数组的格式如下：

<数组名> = new <数据类型>[<长度>];

声明数组变量和创建数组，可以合并为一条语句。格式如下：

<数据类型> [] <数组名>= new <数据类型> [<长度>];

或者

<数据类型> <数组名>[] = new <数据类型> [<长度>];

例如：float[] num= new float[10];

　　　　//声明一个长度为 10 的一维数组，类型为 float，数组名为 num

在声明数组的同时，为数组赋初值。例如：

int[] a = {1,2,3,4,5};

一维数组可以通过下标访问数组中的任何元素。数组元素的访问格式如下：

<数组名>[<下标表达式>]

Java 语言还提供了 length 属性来返回数组的长度，即数组中元素的个数，其格式如下：

<数组名>.length

2. 二维数组

如果数组的元素类型也是数组，则这种结构称为多维数组。常用的二维数组，可以看做一维数组的数组，它可以表示一个矩阵或者一个表格。通常使用多个下标的形式来定义多维数组。例如，声明一个整型二维数组 matrix：

int [][] matrix = new int[10][10];

可以使用一个简化的方法声明、创建和初始化一个二维数组，即将数组元素的值用多层花括号括起来。例如：

int [2][3] matrix={{1,2,3},{4,5,6}};

二维数组由数组元素组成，每个元素又是一个一维数组。三维数组是二维数组的数组，其中每个二维数组又是一维数组的数组。所以，声明二维数组变量并创建二维数组的方法可以被推广，用来声明 n 维数组变量和创建 n 维数组。

【例 2.4】 输出循环移位方阵。

假设一维数组 table 中元素的值分别为

2 4 9 1

输出如下形式的方阵：

```
2 4 9 1
4 9 1 2
9 1 2 4
1 2 4 9
```

程序如下：

```java
public class Ex0103{
    public static void main(String[] args){
        int i=0,j=0,n=4;
        int[] table=new int[n];
        int[][] table1=new int[n][n];
        for(i=0;i<table.length;i++)              //产生 n 个随机数，初始化一维数组赋值
            table[i]=(int)(Math.random()*10);
        for(i=0;i<table.length;i++){             //把一维数组的数值赋值于二维数组
            for(j=0;j<table.length;j++)
                table1[i][j]=table[(i+j)%n];
        }
        for(i=0;i<table1.length;i++){            //输出二维数组
            for(j=0;j<table1[i].length;j++)
                System.out.print(table1[i][j]+"  ");
            System.out.println();
        }
    }
}
```

本例将产生的 n 个随机数存放在一维数组 table 中，然后将一维数组中数据元素的值赋值于二维数组 table1，最后输出二维数组。

思考：对存放在一维数组 table 中的数据运用循环，使得每次输出一维数组的结果不同，也可以实现该功能。请读者试着写出该程序。

2.4.5　类与对象

类是定义相同类型对象的结构，是抽象数据类型的实现。对象是类的实例化，在类定义中指明了类包含对象的属性和方法。

1．类的声明

在 Java 语言中，类声明的格式如下：

[<修饰符>] class <类名>[extends <父类名> [implements<接口名 1，接口名 2，…>]]
{
　　<成员变量的声明>；
　　<成员方法的声明及实现>；
}

其中，class 是关键字，表明其后声明的是一个类。class 前的"修饰符"可以是多个，用来限定所定义类的使用方式。extends 也是关键字，表示派生，如果所定义的类是从某一个父类派生而来，那么，父类的名称应写在 extends 之后。用关键字 implements 声明一个类将实现一个或多个接口。

成员变量可以包含多个，声明成员变量必须给出变量的数据类型和变量名，同时还可以按照如下格式，指定成员变量的其他特性：

[<修饰符>] [static][final] <变量类型><变量名>

成员方法也可以包含多个，声明成员方法的格式如下：

[<修饰符>] <返回值类型> <方法名> ([<参数列表>]) [throws <异常类列表>]
{
　　<方法体>
}

其中，"方法体"是方法要执行的具体操作语句。在方法体中还可以定义该方法使用的局部变量，这些变量只在该方法内有效。

> ☼ **注意**
>
> Java 源文件名必须根据文件中的 public 类名来定义，若无 public 类，其命名可任意，并且区分大小写。在类声明中，可以指定父类，也可以不指定父类。

2．构造方法

在 Java 程序中，构造方法（Constructor）是一个特殊的类方法，它可以用来初始化对象的属性数据。构造方法与所在类具有完全相同的名称。与方法一样，构造方法可以被重载，但它没有返回类型。

【例 2.5】 创建构造方法示例。

```java
public class Person {
    private int age;                    //成员变量
    private int weight;
    //带一个参数的构造方法
    public Person(int person_age){
        age=person_age;
    }
    //带两个参数的构造方法
    public Person(int person_age,int person_weight){
        age=person_age;
        weight=person_weight;
    }
}
```

每个类都必须至少有一个构造方法。如果在类中没有定义任何构造方法，系统会自动为类生成一个默认的构造方法。默认构造方法的参数列表为空。如果程序定义了一个或多个构造方法，则系统会自动屏蔽默认构造方法。构造方法不能继承。

3. 创建对象和使用

正确地声明了 Java 类之后，就可以在其他的类或应用程序中使用该类了。对象成员是指对象所属类中声明的所有属性和方法。对象是类的实例，对象声明的格式如下：

<类名><对象名>;

用 new 运算符来创建对象，并为之分配存储空间。声明对象的同时可以使用 new 操作符创建对象，其格式如下：

<类名><对象名> = new <类名>([<参数列表>]);

例如：

Person name = new Person();

等价于下面两条语句：

Person name;
name = new Person();

当用 new 创建一个对象时，系统会为对象中的变量进行初始化。

在 Java 语言中把说明为 class 类型的变量看做引用，该引用存储在相应的类变量中，可以使用"."运算符访问对象中的成员变量或调用成员方法，其格式如下：

<对象名>.<变量名>
<对象名>.<方法名>(<参数列表>)

在 Java 语言中，程序员只需要创建所需的对象，不需要显式地销毁它们。Java 语言的垃圾回收机制会自动判断对象是否在使用，并能够自动销毁不再使用的对象，收回对象所占的资源。这也是 Java 语言的优点之一。

【例 2.6】 创建对象及其使用实例。

```java
class Student{
    String name;
    String sex;
```

```
        int age;
        //设置"name"的方法
        public void setName(String student_name){
            name = student_name;
        }
        //获取"name"的方法
        public String getName()        {
            return name;
        }
        public void setSex(String student_sex){
            sex = student_sex;
        }
        public String getSex(){
            return sex;
        }
        public void setAge(int student_age){
            age = student_age;
        }
        public int getAge(){
            return age;
        }
    }

    public class StudentTest {
        public static void main(String[] args){
            Student s = new Student();        //创建对象
            s.setName("刘阳");
            s.sex="男";
            s.setAge(18);
            System.out.print(s.name+"同学，年龄" + s.getAge()+"岁，性别" + s.getSex()+"。");
        }
    }
```

程序运行的结果为

刘阳同学，年龄 18 岁，性别男。

在该程序中，对成员方法的定义都很简单，每个成员变量都有相应的设置（set）方法和获取（get）方法，设置方法将传入的参数赋给对象的成员变量，而获取方法取得对象的参数值。

4. 与 OOP 有关的关键字

（1）访问权限修饰符

访问权限修饰符包括 public、private、protected 和默认，既可以修饰类，又可以修饰类中的成员（成员变量和成员方法），它决定所修饰成员在程序运行时被处理的方式。

- ● public：用 public 修饰的成员是公有的，也就是它可以被其他任何对象访问。
- ● private：表示是私有的，类中限定为 private 的成员只能被该类访问，在类外不可见。

● protected：用 protected 修饰的成员是受保护的，只可以被同一包及其子类的实例对象访问。

● 默认：如果不表明上述 3 种访问权限修饰符，其成员可以被所在包的各个类访问。

表 2.3 所示为 4 个访问权限修饰符允许的访问级别。

表 2.3   访问权限修饰符允许的访问级别

权限修饰符	同　一　类	同　一　包	不同包的子类	其　他　类
公有的（public）	✓	✓	✓	✓
保护的（protected）	✓	✓	✓	
默认的	✓	✓		
私有的（private）	✓			

例如：

```
public class Date1          //公有的类
private class Date2         //私有的类，主要用于内部类的定义
private int a,b,c;          //私有类的成员，不允许其他类的对象访问
```

（2）存储方式修饰符

static 既可修饰成员变量，又可以修饰成员方法，表明所说明的对象是静态的。用关键字 static 修饰的变量称为类变量或静态变量，系统运行时，只为该类的第一个对象分配存储单元，其后不论创建了多少个对象，都可被类的所有对象所共享。类中定义的公有静态变量相当于全局变量。例如：

```
public static int counter=0;          //声明静态变量
```

用关键字 static 修饰的方法称为类方法或静态方法。类方法体只能访问类成员。类方法既可通过对象来调用，也可以通过类名来调用。

（3）与继承有关的关键字

● final：用 final 修饰的类不能再派生子类，它已经达到类层次中的最低层。它可以修饰类、方法或变量，表明类、方法或变量不可被改变。

● abstract：用 abstract 修饰类或成员方法，表明所修饰的类或成员方法是抽象的。和 final 完全不同，抽象类一定要派生子类，父类中的抽象方法可以在子类中实现，也可以在子类中继续说明为抽象的。

（4）this 和 super

在 Java 语言中，每个对象都具有对自身访问的权利，即 this 引用。每个对象都可以对父类的成员访问，即 super 引用。this 指代本类，super 指代父类，它们可以引用或调用类的成员方法。

2.4.6　类的封装性

封装（encapsulation）是面向对象的重要特性之一，它有两个涵义：一是指对象的属性数据和对数据的操作结合在一起，形成一个统一体，也就是对象；另一方面是，尽可能地隐藏对象的内部细节，只保留有限的对外接口，对数据的操作都需通过这些接口实现，即类的设

计者把类设计成一个黑匣子，使用者只能看见类中定义的公共方法，而看不见方法的实现细节，也不能直接对类中的数据进行操作。这样可以防止外部的干扰和误用。即使改变了类中数据的定义，只要方法名不改变，就不会对使用该类的程序产生任何影响。这就是类的抽象性、隐藏性和封装性。

2.4.7　类的继承性

继承（inheritance）是面向对象的重要特征之一。面向对象程序设计允许从现有的类派生出新类，这称为继承。使用关键字 extends，可以从类继承另一个类，即从现有类出发，定义一个新类，即新类继承了现有的类。被继承（inherited）的现有的类称为父类，也称为超类（superclass），继承的新类称为子类（subclass）。例如，类 Y 继承 X，指 Y 可以使用 X 中的所有非私有属性成员和方法成员，并定义自己的成员，从而扩展类 X。在类声明中，可以指定父类，也可以不指定父类。若没有父类，则表示是从默认的父类 Object 派生来的。实际上，Object 是 Java 语言中所有类的父类。Java 语言中除 Object 之外的所有类均有且仅有一个父类。Object 是唯一没有父类的类。Java 语言中的每个类都从 Object 类中继承变量和方法。

在 Java 语言中，通过在声明类时说明类的父类来创建子类。声明类格式如下：

public class <子类名> extends <父类名>

instanceof 对象操作符用来测试一个指定的对象是否为指定类或指定类的子类的实例，如果是则返回 true，否则返回 false。

2.4.8　类的多态性

多态（polymorphism），意味着一个名字可具有多种语义。对象的多态性就是该对象可以具有"多种形式"。在 Java 语言中，多态是指一个方法可能有多个不同的形式，一次单独的方法调用，可能是这些形式中的任何一种方法，即实现"一个接口，多个方法"。

1．方法重载（method overloading）

在 Java 程序中，如果同一个类中有两个相同的方法（方法名相同，返回值相同，参数列表相同）是不行的，即一个类中可以拥有许多同名而不同参数的方法，这种情况是允许的，这种行为称为方法重载。例如，在 Java 程序中，函数 abs() 是返回某个数的绝对值，参数的类型有以下 4 种：

```
static int abs(int a)
static long abs(long a)
static float abs(float a)
static double abs(double a)
```

在进行方法重载时，必须遵守以下 4 条原则：

- 方法名相同；
- 参数必须不同，可以是参数个数不同或类型不同；
- 返回值可以相同，也可以不同；
- 可以相互调用。

重载的价值在于，它允许通过使用一个普通的方法来访问一系列相关的方法。当调用一个方法时，具体执行哪一个方法根据调用方法的参数决定，Java 运行系统仅执行与调用的参数相匹配的重载方法。

2．方法覆盖

当子类继承了父类时，它就继承了父类的属性和方法，就可以直接使用父类的成员和方法；如果父类的方法不能满足子类的需求，则可以在子类中对父类的方法进行"改造"，这个"改造"的过程在 Java 语言中称为覆盖（overrided），即子类继承父类时，如果子类的方法与父类的方法同名，则不能继承，此时子类的方法就覆盖了父类中同名的方法。可以看出，类的继承是对父类的扩充（如在子类中加入新的成员变量和成员方法）和对父类的改造（如对方法的覆盖）两方面。

进行方法覆盖时，应注意以下 3 方面：

- 子类不能覆盖父类中声明为 final 的方法；
- 子类必须覆盖父类中声明为 abstract 的方法，或者子类方法也声明为 abstract；
- 子类覆盖父类中同名的方法时，子类方法声明必须与父类被覆盖方法的声明一样。

2.4.9　抽象类和内部类

1．抽象类和最终类

一个抽象类（abstract）是通过关键字 abstract 修饰的类，关键字 abstract 用于标识一个抽象类或抽象方法。一个抽象方法是指一个仅有方法定义，而没有方法体的方法。当声明一个方法为抽象方法时，就意味着这个方法必须被子类的方法覆盖。在声明类时除了可以说明类的父类，还可以说明最终类和抽象类等。例如：

```
abstract void a();                  //声明 a 为抽象方法
```

在方法声明中，static 和 abstract 不能同时存在，构造方法是不能被声明为抽象的。

任何包含抽象方法的类必须被声明为抽象类，抽象类是不能直接被实例化的类。在声明类时，可以说明类为抽象类等。例如：

```
abstract class Ma1                  //声明 Ma1 为抽象类
class Ma2 extends Ma1               //声明 Ma2 为抽象类 Ma1 的子类
```

当声明了一个抽象类时，只声明了该类描述的数据结构，而不实现每个方法。这个抽象类可以作为一个父类被它的所有子类共享，而其中的方法由每一个子类去实现。子类必须实现父类中的所有抽象方法，或者将自己方法也声明为抽象的。以下任一条件成立时，类必须声明为抽象类：

- 类中至少有一个抽象方法；
- 类继承了父类中的抽象方法，但是至少有一个抽象方法没有实现；
- 类实现了某个接口，但没有全部实现接口中的方法（关于接口，后续给予介绍）。

出于安全性和面向对象程序设计的考虑，Java 语言还提供了一个特殊的类和方法，就是最终类和最终方法。最终类是指不能被继承的类，即最终类不能有子类。创建最终类的目的是保护类中方法不能被子类覆盖。用关键字 final 来说明最终类和最终方法。例如：

```
final class A1          //A1 为最终类
final void b()          //b()为最终方法
```

2. 内部类和外部类

在 Java 语言中，如果一个类嵌套定义在另一个类中，则嵌套定义在另一个类中的类称为内部类（inner class）。包含了内部类的类称为外部类。与一般的类型相同，内部类可以具有成员变量和成员方法。引入内部类主要是考虑：内部类对象能访问他所处类的私有成员变量和成员方法；内部类能够隐藏起来不被同一个包中的其他类访问。

2.4.10 接口

在 Java 语言中，除了可以使用抽象类来实现一定程度的抽象外，还可以定义一种特殊的"抽象类"——接口（interface）。接口是没有实现的方法和常量的集合。在接口中所有的方法都是抽象方法（只有方法定义，没有方法体）。在抽象类中，有些方法被实现，有些方法只有方法的声明，没有方法的具体实现；而在接口中，所有的方法都没有被实现。和抽象类中的抽象方法不一样，这些没有被实现的方法不需要加上关键字 abstract 来将它们声明为抽象方法。定义接口和定义类不同，定义接口使用关键字 interface，其格式如下：

```
[<修饰符>] interface <接口名> [extends <父接口>]{
    [<定义属性>];
    [<方法>];
}
```

接口与抽象类一样，也不能使用 new 运算符创建接口实例，但在大多数情况下，用于抽象类的方法大都可以用于接口。

定义了一个接口，一个或更多的类就能实现这个接口。用关键字 implements 声明一个类实现一个接口，一个类也可以同时实现多个接口，从而具有和多重继承同样强大的能力，并具有更加清晰的结构。类声明的格式中实现多个接口的格式如下：

```
[<修饰符>] class <类名>[extends <父类名> [implements<接口名 1>, <接口名 2>…]]{
    …}
```

接口和类相似，也可以从一个父接口中派生一个或多个子接口。接口的继承使用 extends 关键字来完成。

2.4.11 包

为了更好地组织类，避免类名的重复，Java 提供了包（package）机制，包是类的容器，用于分隔类名空间。Java 语言中提供了丰富的类库，分别包含在不同的包中。如果读者需要进一步了解有关 Java 语言提供的包及其中的类和方法，可以通过在线帮助文档 API 了解相关信息，从中可以查到标准库中所有的类及方法。API 文档以 HTML 格式显示。JDK1.4.2 的 API 文档地址如下：

http://java.sun.com/j2se/1.4.2/docs/api/index.html。

1．Java 语言常用的包

Java 语言提供的常用的包如下。

- java.lang——语言包，包含了一些 Java 语言的核心类。
- java.util——实用包，包含了一些实用工具类以及数据结构类。
- java.awt——抽象窗口工具包，实现 GUI 应用。
- java.applet——实现 Applet 应用程序。
- java.io——输入/输出流的文件包，包含了多种输入/输出功能的类。
- java.text——文本包，文本格式。
- java.net——网络功能。
- java.sql——访问数据库功能的类。

（1）java.lang 语言包

java.lang 语言包所提供的类构成了 Java 语言的核心，语言包中的类是 Java 类库中最基本的类，Java 系统会自动隐含地将这个包引入用户程序，用户无需使用 import 语句导入，就可使用其中的类。语言包中最基本的类如下。

- Object 类——是 Java 语言中所有类的父类，即所有的类都是由 Object 类派生出来的。
- Math 类——数学类，提供了一组数学函数和常数。
- String 类和 StringBuffer 类——字符串类。
- 数据类型包装类——简单数据类型的类包装，如 Integer、Float、Boolean 等。
- Thread 类——线程类，提供了多线程环境的线程管理和操作。
- Class 类——类操作类，为类提供运行时的信息。
- Process 类——过程类。
- System 和 Runtime 类——系统和运行时类，提供访问系统和运行时的环境资源。
- Throwable 类、Exception 类和 Error 类——错误和异常处理类。

在 Java 语言中，String 类和 StringBuffer 类表示封装一系列字符的对象，习惯上，将它们称为字符串。其实，字符串是指一个字符序列。在 Java 语言中没有内置的字符串类型，而是在标准 Java 库中包含一个名为 String 的预定义类。每个被双引号括起来的字符序列均是 String 类的一个实例。字符串可以使用如下方式定义：

```
String s1 = null;              //s1 指向 NULL
String s2 = "";                //s2 是一个不包含字符的空字符串
String s3 = "Hello";
```

在 Java 语言中允许使用操作符"＋"把两个字符串连接在一起。当连接一个字符串和一个非字符串时，后者将被转换成字符串，然后进行连接。例如：

```
s3 = s3 + "World!";            //s3 为"HelloWorld!"
String s4 = "abc" + 123;       //s4 为"abc123"
```

Java 语言中的 String 类包含许多方法，但是没有一个方法可以用来改变它的内容，即在 String 类中，只要生成了一个 String 实例，那么它里面的内容就是不能被更改的。与 String 相反，StringBuffer 表示一个内容可变的字符序列，通过 StringBuffer 的 append()、insert()、setCharAt()和 setLength()等方法，可以对这个字符串中的内容进行修改。如果读者需要进一步了解有关 String 和 StringBuffer 提供的方法及方法完成的功能，可以通过 Java 语言提供的帮助文档了解相关信息。

（2）java.util 实用包

java.util 实用包提供了各种不同实用功能的类。实用包常用的类如下。

- 数据结构类——包括 LinkedList 类、Vectot 类、Stack 类和 Hashtable 类等。
- 日期类——包括 Data 类、Calendar 类和 GregorianCalendar 类。
- Random 类——随机函数类。

2. 引用 Java 语言定义的包

在 Java 程序中，语言包是自动导入的。但是，如果 Java 程序中还需要使用其他包中的类，必须使用 import 语句导入。import 语句的格式如下：

import <包名 1>[. <包名 2> [. <包名 3> …]]. <类名>|*;

例如：

```
import java.applet.Applet;          //导入 java.applet 包中的 Applet 类
import java.io.*;                    //导入 java.io 包中的所有类
```

3. 自定义的包

在 Java 程序中，用户可以根据实际需要，使用 package 语句自定义包。包的定义格式如下：

package <包名 1>[. <包名 2> [. <包名 3> …]];

其中，圆点 "." 将每个包名分隔开形成包等级。例如，现在有一个名为 Student 的类，将它放在目录 cn\edu\cdpc 下，则在程序的开头加入如下语句就可以实现：

```
package cn.edu.cdpc;
```

这样，这个类就可以和其他名称为 Student 的类区分开了。

不论是声明包，还是导入包，与之相关的语句都应该放在类声明之前。

2.4.12　异常处理

在 Java 语言中，根据程序运行时遇到的错误可分为两类：错误（Error）和异常（Exception）。

1. 致命性的错误

所谓致命性错误，就是程序运行时，遇到了非常严重的不正常状态，不能简单地执行，这就是错误。例如，程序进入了死循环，或递归无法结束，或内存溢出等错误，这些错误只能在编程阶段解决，运行时程序本身无法解决。

2. 非致命性错误——异常

非致命性错误是指通过某种修正后，程序还能继续运行，这类错误称为异常。这些异常，都是因为程序设计的瑕疵而引起的问题或者是由外在的输入等引起的一般性问题。例如，打开一个文件时发现文件不存在，或预装入的类文件丢失，或网络中断，或除数为 0 等。当程序在运行时出现异常，可以在源程序中加入异常处理代码来修正错误，解决问题，使程序仍然可以继续运行直至正常结束。出现异常时，并不是简单地结束程序，而是转去执行某段特殊的代码来处理这个异常，设法使程序继续执行。

由于异常是可以检测和处理的，在大多数面向对象程序设计的语言中，都提供了相应的异常处理机制，Java 语言也不例外，它提供的异常处理机制，都定义在 Exception 类中。

（1）Java 异常

在 Java 语言中，异常对象分为两大类：Error 和 Exception。Error 类和 Exception 类都是 Throwable 的子类。Error 类有 4 个类：AWTError、LinkageError、VirtualMachineError 和 ThreadDeath。它们处理的都是 Java 运行系统中的内部错误以及资源耗尽等情况。而这种情况是程序员无法掌握的，只能通知用户安全地退出程序的运行。Exception 类的子类有很多，大致分为 3 类：有关 I/O 的 IOException 异常、有关运行时的 RuntimeException 异常以及其他异常。RuntimeException 异常是由于程序编写过程中的不周全的代码引起的，而 IOException 异常是由于 I/O 系统出现阻塞等原因引起的。引起 RuntimeException 异常的原因包括以下几种：

- 错误的类型转换；
- 数组越界访问；
- 数学计算错误；
- 试图访问一个空对象。

引起 IOException 异常的原因包括以下几种：

- 试图从文件结尾处读取信息；
- 试图打开一个不存在的或者格式错误的 URL。

其他比较常见的异常原因可能是：

- 用 Class.forName()来初始化一个类时，字符串参数对应的类不存在；
- 其他。

常见的 Java 异常如表 2.4 所示。

表 2.4　　　　　　　　　　常见的 Java 异常

异　　常	常见异常已知子类	说　　明
RuntimeException	ArithmeticException	数学计算异常
	ClassCastException	造型异常
	NullPointerException	空指针异常
	NegativeArraySizeException	负数组长度异常
	IllegalStateException	对现状态异常，如对未初始化的对象调用方法
	IllegalArgumentException	非法参数值异常
	UnsupportedOperationException	对象不支持的请求操作异常
IOException	FileNotFoundException	指定文件没有找到异常
	EOFException	读写文件尾异常
其他异常	ClassNotFoundException	无法找到需要的类文件异常

（2）异常处理机制

对于所发生的异常进行的处理就是异常处理。Java 程序执行过程中出现异常时，会自动生成一个异常对象，该异常对象将被提交给 Java 运行时环境，这个过程称为抛出（throws）异常。

当 Java 运行时环境接收到异常对象时，会寻找能处理这一异常的代码并把当前异常的对象交给其处理，这一过程称为捕获（catch）异常。

（3）异常的产生、捕获和处理

当 Java 程序产生异常时，是通过 try-catch-finally 来捕获和处理异常的。例如，下列语句产生数学计算异常（ArithmeticException）：

```
System.out.println("100/0 " + (100/0));
```

try-catch-finally 语句用于捕获和处理一个或多个异常。其格式如下：

```
try {
    //此处为可能会抛出特定异常的代码段
}catch (ExceptionType1 e) {
    //如果抛出 ExceptionType1 异常时要执行的代码段
} catch (ExceptionType2 e) {
    //如果抛出 ExceptionType2 异常时要执行的代码段
}finally {
    //无条件执行的代码
}
```

其中，ExceptionType1 代表某种异常类，e 为相应的对象。对于 try-catch-finally 语句来说，可能会是下面 3 种之一：

- try-catch
- try-catch-finally
- try-finally

try-catch-finally 语句的作用是：当 try 语句中的代码产生异常时，根据异常的不同，由 catch 语句中的代码对异常进行捕获并处理；如果没有异常，则 catch 语句就不执行；而无论是否捕获到异常都要执行 finally 中的代码。

（4）抛出异常

在实际编程中，有时不需要使用产生异常的方法来处理异常，而是需要在该方法之外来处理异常，这就需要使用抛出异常的方法和处理异常方法。在声明方法时，使用关键字 throws 来表示该方法抛出异常，其声明格式如下：

```
[<修饰符>] <返回值类型> <方法名>（[参数列表]) [throws <异常类列表>]
```

例如：

```
public void troubleSome() throws IOException
```

除了使用系统预定义的异常外，用户还可以根据实际需要创建自己的异常。但是用户创建的所有异常类都必须是 Exception 的子类。

2.4.13　Java 标准数据流

在 Java 语言中，所有的 I/O 以流的形式处理。流是连续的单向数据序列的一种抽象。在 Java 语言中通过系统类 System 实现标准输入/输出功能。System 类包含在 java.lang 包中，

System 类无需创建对象，可直接使用。java.lang.System 类中提供了 3 个类成员来实现标准 I/O 操作，这 3 个类成员分别是：System.in、System.out 和 System.err。

1. System.in——标准输入

System.in 作为字节输入流类 InputStream 的对象实现标准输入，包括读取数据、标记位置、重置读写指针、获取数据等，使用 read()方法从键盘上接收数据。

```
public int read() throws IOException          //读取一个字节
//将数据流的内容读入到字符数组 buffer 中，返回读入的字符个数
public int read(byte[ ] buffer) throws IOException
```

如果输入流结束，返回-1；发生 I/O 错误时，抛出 IOException 异常。但是在实际应用中，为了提高效率，读取数据时经常以系统允许的最大数据块长度为单位，把 BufferReader 正确地连接到 InputStreamReader 是一个较好的办法。

【例 2.7】 键盘上接收数据。

```java
import java.io.*;
public class KeyboardInput {
    public static void main (String[] args) {
        String s;
        //创建一个 BufferedReader 对象从键盘逐行读入数据
        InputStreamReader ir = new InputStreamReader(System.in);
        BufferedReader in = new BufferedReader(ir);
        System.out.println("UNIX：按 Ctrl+D 或 Ctrl+C 退出；" +
                "\nWindows：按 Ctrl+C 退出。");
        try {
            //每读入一行，向标准输出设备输出
            while ((s = in.readLine()) != null) {
            System.out.println("Read：   " + s);
        }
            //关闭流，这步对流的操作完成后一定要做
            in.close();
        } catch (IOException e) {
            e.printStackTrace();
        }
    }
}
```

程序运行的结果为

　　UNIX：按 Ctrl+D 或 Ctrl+C 退出；

　　Windows：按 Ctrl+C 退出。

如输入：0123456789abcd 时，按 Enter 键则输出：

　　Read：0123456789abcd

2. System.out——标准输出

System.out 作为 PrintStream 的对象实现标准输出。通常使用 System.out.println()和

System.out.print()两个方法向标准设备输出。System.out.println()和 System.out.print()方法对多数简单的数据类型和 char[ ]、Object 以及 String 进行了重载，使得它们可以向外输出所有数据类型的数据。需要注意的是，print(Object)或 println(Object)将会调用 Object 对象 toString()方法，输出表示对象的字符串。两者的区别在于 println()在输出时换行，而 print()则输出不换行。

3．System.err——标准错误输出

通常情况下，System.err 和 System.out 使用方法相同，用于向标准的错误设备输出错误信息，但是很少使用。System.err 是 PrintStream 类对象实现标准错误输出。

2.5　Java 语言中的“指针”实现

【学习任务】 掌握 Java 语言提供的对象引用方式，实现数据的链式存储结构，注意 Java 语言和 C/C++语言对“指针”实现的不同。

　　Java 语言提供了对象的引用方式，实现数据的链式存储结构，这种方式避免了直接使用指针带来的安全隐患，使 Java 语言可以实现面向对象的数据结构。

　　在有些高级语言中，指针是一种数据类型，但在 Java 语言中没有指针这个概念，而是使用对象的引用来实现。实际上对象的访问就是使用指针来实现的。对象会从实际的存储空间分配一定数量的存储单元。对象的指针就是一个保存了对象的存储地址的变量，并且这个存储地址就是该对象在存储单元中的起始地址。例如定义了如下 Student 类：

```
class Student{
    private String name;
    private String id;

    public Student(){
        this("","");
    }

    public Student(String name,String id){
        this.name=name;
        this.id=id;
    }

    public void setName(String name){
        his.name = name;
    }

    public String getName()        {
        return this.name;
    }
```

```
        public void setId(String id){
            this.id = id;
        }

        public String getId(){
            return this.id;
        }
    }
```

基于 Student 这个类，有如下语句：

```
    Student p = null;
    Student q = new Student ("Jack","2007001");
```

这里创建了两个对象引用的变量 p 和 q。变量 p 初始化为 null，null 是一个空指针，它不指向任何地址，也就是它不指向任何内存地址，因此 null 适合分配给任意类型的引用变量。q 是一个对于 Student 类的实例对象的引用变量，运算符 new 的作用实际上是为对象开辟足够的内存空间，而这个对象目前只能通过引用变量 q 来实现访问，引用实际上是指向刚才创建的对象分配的内存地址的指针。图 2.4（a）所示为对象的引用逻辑，它的实现因系统而异，而且通常比图中所示的简单逻辑复杂得多。例如，在 Java 实现中，q 是指向一个句柄也就是指针：一个指向对象的方法和指向对象实例所属的类，一个指向对象的数据，如图 2.4（b）所示。

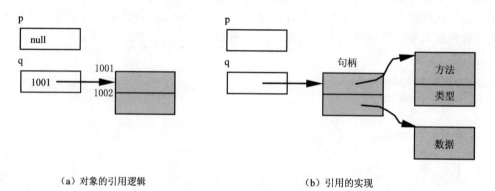

（a）对象的引用逻辑   （b）引用的实现

图 2.4   p 与 q 指向不同存储空间

请思考如下代码的运行结果：

```
    Student p1= new Student ("Tom","2007004");
    Student p2 = p1;
    p2.setName ("Swain");
    System.out.println(p1.getName());
```

这段代码中对 Student 类的对象引用 p2 的 name 成员变量进行了设置，使其值为字符串 "Swain"；但是会发现在输出 p1 的成员变量 name 时并不是输出"Tom"，而是"Swain"。原因是 p1 与 p2 均是对象的引用，在完成赋值语句 "Student p2=p1；" 后，p2 与 p1 指向同一内存单元，因此对于 p2 的修改自然会影响到 p1。图 2.5 可以清楚说明这段代码运行的情况。

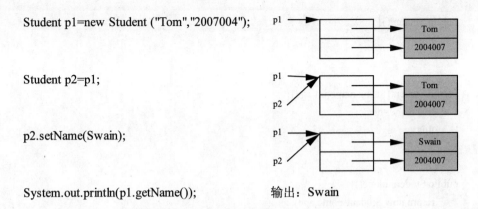

图 2.5　两个对象引用变量指向同一存储空间

请继续思考如下代码的运行结果：

```
Student p1= new Student ("Tom","2007004");
Student p2= new Student ("Tom","2007004");
System.out.println(p1==p2);
```

在这里虽然 p1 与 p2 的所有成员变量的内容均相同，但是由于它们指向不同的存储空间，因此，输出语句输出的结果为 false。图 2.6 所示为 p1 与 p2 的指向。

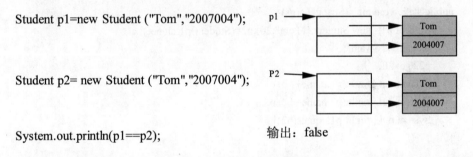

图 2.6　p1 与 p2 指向不同存储空间

可见如果希望完成对象的拷贝，使用一个简单的赋值语句是无法完成的。要达到这一目的，可以通过接口 Cloneable 并重写 clone()方法来实现对象之间的拷贝，必须创建 p1 引用对象的一个新的拷贝，并让 p2 成为这个拷贝的引用变量。

如果希望判断两个对象引用是否一致时，可以覆盖继承自 Object 类的 equals 方法来实现。equals()方法只有在比较两者是同一对象时，才返回 true。关于 "==" 和 equals()两种比较方式，在使用的时候要特别小心：如果测试两个简单类型的数值是否相等，则一定要使用 "==" 来进行比较；如果要比较两个引用变量对象的值是否相等，则用 equals()方法来进行比较；如果需要比较两个引用变量是否指向同一个对象，则使用 "==" 来进行比较。

【例 2.8】　用接口 Cloneable 并重写 clone()方法来实现对象之间的拷贝。

```
class Student implements Cloneable{      // Student 类实现接口 Cloneable
    String name;
    int age;
```

```java
    public Student(){
        this("",0);
    }

    public Student(String name,int age){
        this.name=name;
        this.age=age;
    }

    public Student clone(){
        return new Student(name,age);
    }


    public boolean equals(Student p){
        return name.equals(p.name)&& age==p.age;
    }
}

public class StudentTest1 {
    public static void main(String[] args){
        Student p1= new Student ("Tom",20),p2=(Student)p1.clone();
        p2.name="Swain";
        p2.age=30;
        System.out.println(p1.name+" "+p1.age);
        System.out.println(p2.name+" "+p2.age);
        System.out.println(p1.equals(p2));
    }
}
```

程序运行的结果为

Tom 20

Swain 30

false

在 Java 语言中，虽然没有指针这个概念，但可以利用其提供的对象的引用方式来实现指针，实现数据的链式存储结构，使 Java 语言可以实现面向对象的数据结构。

2.6 JDK1.5 新增特性

前面介绍的 Java 语言的基础知识都是基于 JDK1.4.2 版本的，现在 JDK1.5 和 JDK1.6 已经推出正式版。下面简单介绍本书用到的 JDK1.5 新增的特性。

2.6.1　泛型

以前没有使用泛型时，集合中存储的元素可以是任何类对象，例如下面通过 ArrayList 类定义的集合对象说明这个问题：

```
ArrayList list = new ArrayList();
list.add("Hello!");                       //集合的第一个元素是字符串对象
list.add(new Integer(1));                 //集合的第二个元素是整型对象
System.out.println((String)list.get(0));  //输出第一个元素
System.out.println((Integer)list.get(1).intValue()); //输出第二个元素
```

可以看出，ArrayList 类对象中的元素可以是任何类对象，每次在访问 ArrayList 对象时都要进行正确的类型转换，否则不能正确操作元素，这要求软件开发人员了解在 ArrayList 中每个元素的原始类型，这种方式使用集合比较麻烦，要经过多次转换才能正确使用集合的元素，在新版本 Java 中提出了泛型以解决此类问题，上面的代码可修改为

```
ArrayList<String> list = new ArrayList<String>(); //通知编译系统，list 对象中的每个元素
                              都是字符串对象
list.add("Hello!");                        //正确
list.add(new String("Java"));              //正确
list.add(new Integer(123));                //错误，不能在存储字符串集合中增加其他类型的对象
System.out.println(list.get(0));           //输出 list 集合对象的第一个元素
```

泛型特征把类型引进了类的定义，使得代码更简洁易懂。

2.6.2　增强的集合遍历结构

JDK1.5 之后的版本提供了另外一个用于遍历集合（Collections）或者数组（arrays）的增强形式，其格式如下：

```
for(<类型名> <变量名> : <集合或数组>)
{
    循环语句
}
```

可以说这是对 for 结构的增强，其简化了 for 语句的书写，下面通过对数组遍历说明该结构的使用：

```
int arrs[]={10,20,30,40,50,60};
for(int key : arrs)
    System.out.println(key);
```

其中，变量 key 在循环的过程中存储的是数组 arrs 的当前元素，自动完成整个循环。

2.6.3　自动装箱/拆箱

自动装箱/拆箱大大方便了基本类型数据和它们包装类的使用。

自动装箱：基本类型自动转为包装类（int >> Integer）。

自动拆箱：包装类自动转为基本类型（Integer >> int）。

在 JDK1.5 之前的版本中，集合中如果要存储基本类型的数据，必须经过封装才能达到，如下面将整型数据 123 存储在集合中：

```
int i = 123;
Collection c = new ArrayList();
c.add(new Integer(i));        //向集合中增加数据
System.out.println((Integer)c.get(0).intValue());   //读取集合中的基本数据
```

有了自动装箱/拆箱的支持，将基本类型数据存储在集合中就非常简单了。例如：

```
int i = 123;
Collection c = new ArrayList ();
c.add(i); //自动转换成 Integer
Integer b =2;
c.add(b +2);
System.out.println(c.get(0));
```

这里 Integer 先自动转换为 int 进行加法运算，然后 int 再次转换为 Integer。

2.6.4　枚举类型

在 JDK1.5 之前的版本中，若要使用一组常量需定义如下：

```
public static int Red = 1;
public static int White = 2;
public static int Blue = 3;
```

这样的定义显得较为繁琐，因此，在 JDK1.5 中加入了一个全新类型的"类"——枚举类型。为此引入了一个新关键字 enmu，对于以上定义的常量可以通过定义一个枚举类型加以实现：

```
public enum Color
{
    Red,
    White,
    Blue
}
```

然后，在程序中就像使用类一样来使用枚举类型：Color myColor = Color.Red.

枚举类型还提供了两个有用的静态方法：values()和 valueOf()。我们可以很方便地使用它们，例如：

```
for (Color c : Color.values())
    System.out.println(c);
```

2.6.5　静态 import

之前要用到某类的静态成员，必须先用 import 语句引入类所在的包，并以类名直接引用，例如：

```
S = 2 * Math.PI * r   //Math 在 java.lang 包中，因此无需导入
```

在 JDK1.5 之后的版本中引用了静态导入能力，要调用静态成员（方法和变量），使用静

态导入可以使被导入类的所有静态变量和静态方法在当前类直接可见，使用这些静态成员无需再给出它们的类名。

```
import static Java.lang.Math.*;
…
r = sin(PI * 2); //无需再写 r = Math.sin(Math.PI);
```

不过，过度使用这个特性也会在一定程度上降低代码的可读性。

2.6.6　从终端读取数据

刚开始接触 Java 语言时，要从终端读取一个整数需要通过使用流来操作，可能的代码如下：

```
BufferedReader reader = new BufferedReader(new InputStreamReader(System.in));
int i = Integer.parseInt(reader.readLine());
```

在 JDK 1.5 中引入了一个 Scanner 类，可以方便地从终端读取指定类型的数据：

```
Scanner read = new Scanner(System.in);
int i = read.nextInt();
```

2.6.7　格式化输出

在 JDK 之前的版本中不能直接使用格式化方式输出数据，如果希望输出指定格式的数据很麻烦，在 JDK 1.5 中，引入了类似 C 语言中的 printf 函数，能够将输出内容格式化，例如：

```
System.out.printf("This is a test: %4.2f\n", 123.123);
```

则输出：This is a test: 123.12

2.6.8　可变参数

可变参数使程序员可以声明一个接受可变数目参数的方法。注意，可变参数必须是函数声明中的最后一个参数。假设要写一个简单的方法打印一些对象：

```
util.write(obj1);
util.write(obj1,obj2);
util.write(obj1,obj2,obj3);
…
```

在 JDK1.5 之前的版本中，可以用重载来实现，但是这样就需要写很多的重载函数，并不是很有效，如果使用可变参数就只需要一个方法。

```
public void write(Object... objs) {
for (Object obj: objs)
System.out.println(obj);
}
```

在引入可变参数以后，反射包也更加方便使用了。

对于 c.getMethod("test", new Object[0]).invoke(c.newInstance(), new Object[0]))，现在可以写为 c.getMethod("test").invoke(c.newInstance())，这样的代码比原来清楚了很多。

有关 JDK1.6 版本新增的特性，请参阅其他书籍。

习　题

一、简答题

1. 面向对象程序设计的基本特征有哪些？
2. 在 Java 语言中，对象和类有什么区别？
3. 子类继承了父类的哪些数据和方法？
4. 简述在 Java 语言中，方法和构造方法的区别和联系。
5. 什么是接口，抽象类和接口的区别是什么？
6. 在 Java 语言如何实现数据的链式存储结构，举例说明。

二、选择题

1. (　　) 是以对象为特征的可视化程序组件。
   - A. 过程化程序
   - B. 面向对象的语言
   - C. 机器语言
   - D. 以上都不是
2. 在面向对象程序设计中，一个对象 (　　)。
   - A. 是一个类
   - B. 可能包含有数据和方法
   - C. 是一个程序
   - D. 可能含有类
3. 当方法遇到异常又不知如何处理时，下列 (　　) 做法是正确的。
   - A. 捕获异常
   - B. 抛出异常
   - C. 声明异常
   - D. 嵌套异常
4. 已知如下代码：

```java
public class Test
{
    public static void main(String[] args)
    {
        int i=5;
        do{
            System.out.print(i);
        }while(--i>5);
        System.out.println("   finished");
    }
}
```

执行后的输出是 (　　)。
   - A. 5 finished
   - B. 4 finished
   - C. 6 finished
   - D. finished
5. 在源代码文件 Test.java 中对类定义，(　　) 是正确。
   - A.
     ```java
     public class test
     {
         public int x=0;
     ```
   - B.
     ```java
     public class Test
     {
         public int x=0;
     ```

```
    public test(int x)                          public Test(int x)
    {                                           {
        this.x=x;                                  this.x=x;
    }                                           }
}                                           }
```

C.

```
public class Test extends T1,T2
{
    public int x=0;
    public Test(int x)
    {
        this.x=x;
    }
}
```

D.

```
protected class T1 extends Test
{
    public int x=0;
    public Test(int x)
    {
        this.x=x;
    }
}
```

三、实验题

1. 编写程序，求 $n!$。

2. 编写程序，当 $n=4$ 时，输出如下形式的方阵：

$$
\begin{array}{cccc}
1 & 2 & 6 & 7 \\
3 & 5 & 8 & 13 \\
4 & 9 & 12 & 14 \\
10 & 11 & 15 & 16
\end{array}
$$

四、思考题

1. 通过对 Java 面向对象程序设计语言的学习，利用 Java 语言自身的优点和包罗万象的类库，如何能够更深入地描述和刻画面向对象的数据结构。

2. 理解 Java 程序中类的格式，掌握基本数据类型，熟练运用选择、循环等语句控制程序的流程。重点思考面向对象格式和数据结构风格异同处。

第 3 章 线性表

【内容简介】

线性表是数据结构中最基本的结构之一，其应用非常广泛，在高级语言程序设计中经常遇到的数组就是线性表的应用。按线性表的存储结构，可将其分为顺序表和链表，通过对其操作可以解决许多生活中的实际问题。

【知识要点】

✧ 线性表的概述和基本概念；

✧ 顺序表的基本操作及综合应用；

✧ 链表的基本操作及综合应用；

✧ 实例应用。

【教学提示】

本章共设 8 个学时，理论 4 学时，实验 4 学时，采用理论联系实践、配合实例的方式进行讲解，重点讲解线性表的逻辑结构、存储结构及相关应用，体会数据结构中逻辑结构与存储结构之间的对应关系。其中双向链表、循环链表等内容可作为选学内容。

3.1 实例引入

【学习任务】 通过实例初步了解线性表的特征，从感性上认识线性表及其简单操作。

【例 3.1】 对于初学计算机者，会遇到计算机打字练习，目前有很多指法练习软件，其中打字游戏集娱乐和学习于一体，是计算机初学者比较喜欢使用的打字练习软件。图 3.1 所示为打字游戏界面。

对于如图 3.1 所示的英文打字软件，是对单个字符进行练习的，如图 3.2 所示的界面是对多个英文字符进行练习，练习时，若输入正确的字母，以蓝色显示；若输入错误的字母，会给出相应提示或显示其他颜色（假设为红色）。

在如图 3.2 所示的提示信息中，给出的字母就是按照顺序排列的，其中包含了字母、空格等符号，用户可以按照字母出现的先后顺序进行操作，根据这样的提示输入的信息就是典型的基于前后关系的线性结构。

【例 3.2】 假设现在有一篇英文文章，某用户想在其中查找某单词，则首先要将这些单词以前后出现的顺序存放在一张表中，假设为 $A=(a_1, a_2, \cdots, a_{i-1}, a_i, a_{i+1}, \cdots, a_n)$，要在其中查找某单词时，可按顺序从 a_1 开始，一直找到最后，如果有匹配的单词存在，则查找成功，否则查找失败。如果查找的过程是在类似于以字母为顺序的字典中进行的，则可以先确定该单词的第一个字母所在位置，然后进一步查找单词具体位置，这些具体操作是基于表 A 的建立方式不同而不同的。这里表 A 也是一个线性表的实例。

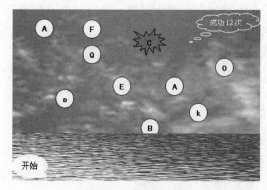

图 3.1　打字游戏界面

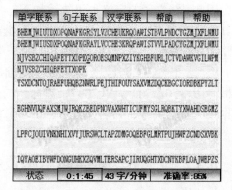

图 3.2　英文打字练习示意图

这样的例子无处不在，例如学生成绩查询系统中的学生表，电话查询系统中的电话号码表等，下面将对线性表进行详细介绍。

3.2　线性表的概述

【学习任务】　理解线性表的含义，熟练掌握线性表的相关概念，重点理解线性表中逻辑结构、存储结构和相应操作之间的关系。

3.2.1　线性表的概念

通过前面的例子可以看出，线性表实际上是基于前面元素和后面元素之间的一种相邻关系的结构。

1. 线性表的定义
线性表是将多个具有相同类型的数据元素放在一起构成一组有限序列的结构，通常记为

$$A = (a_1, a_2, \cdots, a_{i-1}, a_i, a_{i+1}, \cdots, a_n)$$

2. 线性表的相关概念
在上述线性表的定义中，相关概念如下。

（1）A 代表一个线性表。

（2）a_i（$1 \leqslant i \leqslant n$）称为线性表的元素，$i$ 为元素的下标，表示该元素在线性表中的位置。

（3）线性表中 n 为表长，其中，$n \geqslant 0$，当 $n=0$ 时称该表为空表。

（4）线性表是一种基于相邻数据元素之间的对应关系，将元素 a_{i-1} 称为元素 a_i 的直接前趋，将元素 a_{i+1} 称为元素 a_i 的直接后继。通过定义可知，在线性表中，a_1 是表中第一个元素，

它没有前趋，a_n 是最后一个元素，没有后继。

（5）线性表中的元素 a_i 既可以是一个单个元素，也可以是一个数据元素，即由多个数据项构成的元素。例如，在第 1 章中所介绍的图书信息表中，一个记录即为一个元素，它包括多个数据项（图书编号、书名、数量、价格）。

因此，线性表的定义也可描述如下：线性表是第一个元素无前驱，最后一个元素无后继，而其他元素都有唯一直接前驱和直接后继的表结构。

例如，A=（1，4，7，…，49）是一个线性表，每个数值就是一个元素。

B=（（2001，计算机应用基础，10，22），（2003，大学英语，30，14），（2005，机械制图，70，30），（2007，数据结构，35，24））也是一个线性表，每个元素是由 4 个数据项（图书编号、书名、数量、价格）构成的。

3.2.2　线性表的存储结构及操作

1．线性表的逻辑结构与存储结构
由线性表的定义可知线性表的逻辑结构，即相临元素之间所满足的前驱和后继的逻辑关系。

如果要在计算机中实现对线性表的各种操作，必须了解线性表在计算机中的存储形式（即存储结构）。一种逻辑结构可对应多种存储结构，而每种存储结构又有自己的存储特点和操作方式。

2．线性表的操作
线性表的常见操作有：建表（初始化）、求表长、查找、插入、删除等。线性表的操作是在其逻辑结构和存储结构的共同支持下完成的。

值得注意的是，每种数据结构的相关操作一定不能脱离其逻辑结构和存储结构而独立存在。

3．线性表的分类
线性表的存储结构可分为顺序存储结构和链式存储结构两种，因此可将线性表分为顺序表和链表两大类。下面分别介绍顺序表和链表的特点及操作。

3.3　顺序表的基本操作及实现

【学习任务】　理解线性表在顺序存储结构下的特点，掌握顺序表的表示、相关算法及程序实现。

3.3.1　顺序表的概述

1．定义
顺序表是指线性表在顺序存储形式下构成的表。

2. 存储特点

顺序表的存储是指在内存中，在一段连续的存储单元中存储线性表。

其特点为，线性表逻辑上相邻的数据元素（直接前驱和直接后继）在存储位置（或物理位置）上也相邻，如图 3.3 所示。

线性表元素的逻辑结构	...	a_1	a_2	...	a_i	...	a_n	...
线性表元素的存储地址	...	m	$m+d$	...	$m+(i-1)d$	...	$m+(n-1)d$	...

图 3.3　线性表的逻辑结构和存储结构对应图

在上述表示中，m 为该顺序表存储的首地址，d 为每个元素占用的存储空间，因此在顺序表的存储结构中，有如下的对应关系。

设 a_1 的存储地址为 m，每个数据元素占 d 个存储单元，则第 i 个数据元素的地址为

$$Loc(a_i)=m+(i-1)*d \qquad 1\leqslant i\leqslant n$$

即只要知道顺序表的首地址和每个数据元素所占的字节数，就可求出第 i 个数据元素的地址，这也是顺序表具有按数据元素的序号随机存取的特性。

通过前面的介绍，可知顺序表非常适合用高级语言中的数组去实现。值得注意的是，探讨某种数据的操作一定是在一定的逻辑结构和存储结构之上进行的操作。

3.3.2　顺序表的基本操作及实现

顺序表的基本操作包括建立、插入、删除、查找等，下面就重点说明插入、删除等操作的实现算法。

1. 顺序表的表示

为实现顺序表的各种操作，首先必须了解顺序表的表示方法，顺序表由两个量表示，即表示同种数据类型的数组和表示数组长度的整型变量。

【例 3.3】　以整型数组的表示为例，类如下：

```java
public class LineList {
    private int[] data;
    private int length;
    public LineList() {
    }
    public void setData(int[] data) {
        this.data = data;
    }
    public void setLength(int length) {
        this.length = length;
    }
    public int[] getData() {
```

```
            return (this.data);
        }
        public int getLength() {
            return (this.length);
        }
    }
```

说明：
① 该类定义的是整型数组，在实际应用中，可根据具体情况而定；
② 类中的成员设置为 private 的，对外不可见。这就是类的封装性。

2. 插入操作及程序实现

顺序表的插入是指在现有表结构的基础上，在规定位置插入和顺序表相同性质的元素，插入操作具体过程及结果为：首先确定插入位置 i，按照 $a_n \sim a_i$ 的顺序由后至前依次将各元素向后移动，为新元素让出位置，将新元素 x 插入已经让出的第 i 个位置，结束插入操作，结果如图 3.4 所示。

插入前状态：

| a_1 | a_2 | ... | a_{i-1} | a_i | a_{i+1} | ... | a_n | |

插入位置：i

插入过程：

| a_1 | a_2 | ... | a_{i-1} | a_i | a_i | a_{i+1} | ... | a_n |

插入后状态：

| a_1 | a_2 | ... | a_{i-1} | x | a_i | a_{i+1} | ... | a_n |

图 3.4　顺序表的插入操作示意图

【算法 3.1】　在整型顺序表的某位置上插入一个值为 a 的整型元素。

```
public class LineList {

    ...

    public boolean insert(int i, int a){
        int j;
        if(length >= data.length){                    //表空间已经满,不能插入
            System.out.println("The table is overflow.");
            return false;
        }
        if(i<0||i>length){                            //插入位置是否正确
            System.out.println("The position is mistake. "+i);
            return false;
        }
        for(j=length-1; j>=i; j--)
            data[j+1]=data[j];
```

```
        data[i] = a;
        length ++;
        return true;
    }


}
```
说明：

① 顺序表算法的实现是通过移动元素实现的，如果插入位置比较靠前，则需要移动大量元素；

② 顺序表插入操作要注意数组的长度和插入位置的判断，否则会出现错误。

3. 删除操作及程序实现

顺序表的删除是指在现有表的基础上，在规定位置删除某元素，删除操作的具体过程及结果为如下：

首先确定删除位置 i，按照 $a_{i+1} \sim a_n$ 的顺序依次将各元素向前移动，将元素 a_i 删除，结束删除操作，结果如图 3.5 所示。

删除前状态：

| a_1 | a_2 | ... | a_{i-1} | a_i | a_{i+1} | ... | a_n | |

删除位置： i

删除过程：

| a_1 | a_2 | ... | a_{i-1} | a_{i+1} | a_{i+1} | ... | a_n | |

删除后状态：

| a_1 | a_2 | ... | a_{i-1} | a_{i+1} | ... | a_n | |

图 3.5　顺序表的删除操作示意图

【算法 3.2】　在整型顺序表中删除某位置上的元素。

```java
public class LineList {


    ...

    public boolean delete(int i){
        int j;
        if(i<0||i>=length){                          //检查删除位置是否存在
            System.out.println("The position is mistake.");
            return false;
        }
        for(j=i;j<length;j++){
            data[j] = data[j+1];
            length --;
            return true;
        }
```

```
    }
}
```

4. 顺序表的其他操作及实现

对于顺序表来说，除了插入和删除操作外，还有许多操作，如顺序表的建立、顺序表中固定元素的查找、顺序表中固定元素的替换等操作，这些操作的原理和插入、删除操作基本相同，例如顺序表的建立操作实际上就是由一个空的顺序表不断在表的末端进行元素插入，顺序表中固定元素的替换也和插入操作基本一样，找到元素后不需要移动元素，而是将该位置的元素用新的元素替换，这里不再赘述，请读者自行编程实现或参考后面的实例。

5. 顺序表算法的效率分析

根据前面讲过的顺序表的算法实现，可知其操作大部分是在移动元素的基础上完成的。插入算法需要移动的元素为 $n-i+1(a_i \sim a_n)$，而删除元素需要移动的元素个数为 $n-i(a_{i+1} \sim a_n)$ 个，这里以删除元素为例，分析其效率。

（1）删除操作的时间性能分析

顺序表的删除操作的执行时间主要消耗在移动元素上，假设删除第 i 个元素时，就需要移动 $n-i$ 个元素（即第 i 个元素后面的 $a_{i+1} \sim a_n$ 都要向前移动一个位置），因此，该算法的时间复杂度为 $O(n)$。

（2）删除操作的空间性能分析

顺序表的删除操作需要使用一个变量存储将要被删除的元素，因此其空间复杂度为 $O(1)$，但是由于顺序表存储需要事先规定连续的存储空间，即使被删除的元素实际上也在占用空间，因此其运算的空间复杂度虽然小，但是对空间利用率不是最好的。

6. 小结

顺序表的存储特点是利用一段连续的存储空间存储该顺序表中的元素，这样可以简化算法操作。但实现时，需要大量移动元素，使程序执行时间变长，尤其是当 n 很大时，其时间复杂度将会很大，通过上面的分析，该存储结构对空间效率不是最优的。也就是说，顺序表的各种算法实现对时间和空间要求都很高，如何提高算法效率将是一个重要的问题。

3.4 链表的基本操作及实现

【学习任务】 理解线性表在链式存储结构下的特点，掌握链表的表示、相关算法及程序实现。

3.4.1 链表

1. 链表的定义

链表也是一种有顺序的表，其内容可以存储在一组任意的存储单元中，所谓任意的存储单元，即这组存储单元可以是连续的，也可以是不连续的，这就需要在存储元素本身信息的同时，还要存储下一个元素的位置，由此构成一个链状结构，称其为链表，如图 3.6 所示。

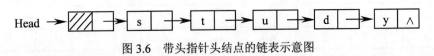

图 3.6　带头指针头结点的链表示意图

2. 链表的相关概念

将表示数据元素和下一个元素位置的结构称为链表的结点。若第一个结点只表示整个链表的起始位置，而无任何信息，称其为头结点。对于最后一个结点，后面无任何元素，其表示元素位置的地址用"∧"来表示，称其为尾结点，程序实现中用"null"来表示，如图 3.6 所示。

3. 链表的表示

链表中结点的表示必须要用到两个区域，其中一个存放数据元素自身的信息 a_i，称为数据域；另一个存放下一个元素的地址或位置，以保证表的连续性，称为指针域。

链表中结点的表示如下：

数据元素	指针域

在 C/C++等语言中，提供指针以表示某元素的地址，但是这样可能会造成比较大的风险。因此，Java 语言提出了利用 java.util.LinkedList 的类库提供的链表类供编程者使用，用户可以通过该类库简单地实现指针操作，该内容在第 2 章中已经介绍，这里不再详细叙述。

本章通过另外的方式来实现链表的存储，即利用数组的方式实现链表的存储以及算法的实现，为此定义如下结构的类：

```
public class LinkNode {
    private int data = -1;
    private LinkNode next = null;
    public void setData(int data) {
    this.data = data;
    }
    public void setNext(LinkNode next) {
        this.next = next;
    }
    public int getData() {
        return (this.data);
    }
    public LinkNode getNext() {
        return (this.next);
    }
}
```

设该链表中存储的内容为字符串"study"，链表表示如图 3.6 所示。

【例 3.4】　假设有如下逻辑结构的线性表 A=（a_1，a_2，…，a_9），用数组表示的链表对应关系如图 3.7 所示。

0	1	2	3	4	5	6	7	8
a_4	a_6	a_5	a_2	a_8	a_7	a_3	a_1	a_9

0	1	2	3	4	5	6	7	8
2	5	1	6	8	4	0	3	∧

图 3.7　数组表示的链表之间对应关系示意图

第 1 个数组存放的是链表表示的数据，第 2 个数组存放的是第一个数组中数据之间的前后关系。例如链表从数组下标为 7 的元素 a_1 开始，由第 2 个数组对应的下标为 7 的元素数值，得出下一个元素 a_2 所在的位置为 3（即第 4 个元素），然后继续从第 2 个数组 a_2 的数值为 6（即第 7 个元素），……，以此类推，最终得出全部元素。这样可用两个数组配合来表示链表。当用链表表示线性表时，由于不是按照元素的顺序进行存储的，因此一定要知道第一个元素的位置（即链表的首位置，用 Head 表示），同时还要知道最后一个元素的结束标志（即链表的末位置，用∧表示）。

3.4.2　链表的分类

按照链表的组成方式，可将链表分为单链表、双向链表、循环链表等。下面以单链表为例进行介绍，其他链表以此类推即可。

1. 单链表

单链表是链表中最常用的一种，也是结构比较简单的一种，是由第 1 个元素到最后一个元素构成的一个链，其特点从第 1 个元素（可能有头指针和头结点）到最后一个元素（结束标志为∧）构成的一个链，称为单链表，如图 3.6 所示。

单链表的特点是通过前一个元素的指针域可以顺序找到后面元素所在的位置，因此所有操作全部是从第 1 个元素（头指针或头结点）开始的。

2. 循环链表

在单链表中，最后一个元素的存储区域是∧，如果将它指向第 1 个元素（头结点）位置，就构成了循环链表。

如链表中存储的内容为字符串"study"，其循环链表表示如图 3.8 所示。

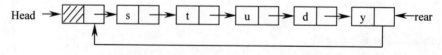

图 3.8　带头指针头结点的循环链表示意图

循环链表的特点是在所有元素之间构成一个环，从任何一个元素出发，都可以查找其他所有的元素，同时还充分地利用了空间。

3. 双向链表

前面两种链表的查找方式都是沿着一个方向进行的，对于元素比较少的链表进行操作时比较方便；但当元素数量非常多时，若只沿着一个方向进行操作，有时操作不是很方便，因此，若每个元素都可以向两个方向进行查找元素，就大大提高了操作效率，这就构成了双向链表。

假设，该链表中存储的内容为字符串"study"，其双向循环链表表示如图 3.9 所示。

该链表的特点是可以从任何一个元素出发，向两个方向分别查找相应元素，可提高操作效率。

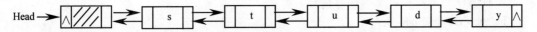

图 3.9　带头指针头结点的双向链表示意图

实际上，链表还可以构成更多的种类，如双向循环链表等，通过前面对链表分类的介绍，应该清楚，无论使用哪种形式的链表，其操作都是相通的，下面以单链表为例，说明其操作。

3.4.3　单链表的基本运算及实现

和顺序表的操作类似，单链表的操作也有很多，如单链表的建立、插入、删除，元素的查找、替换等。下面以单链表的插入、删除操作为例进行讲解。

1. 在单链表的指定位置进行插入操作

【例 3.5】　建立一个单链表，将字符串"STUDY"存储在该链表中。

根据题意，其操作可分为如下步骤。

（1）创建单链表并进行初始化操作

建立一个头结点（Head），为其申请空间，如图 3.10 所示。

（2）在单链表的表头位置插入元素

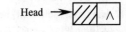

图 3.10　建立头结点 Head

以如图 3.10 所示的单链表为基础，依次将元素插入到表头位置，实现将"STUDY"倒置存放到该单链表中，如图 3.11 所示，表示已经将"TUDY"存放到单链表中。

图 3.11　插入元素"TUDY"后的单链表

最后，将"S"插入到如图 3.11 所示的单链表中，先为元素"S"申请一个结点，用 new 表示，将其插入到如图 3.11 所示的单链表中，实现语句为

inp=new OnelinkNode(2);
inp.next=Head；
Head=inp；

最后，得到如图 3.12 所示的单链表。

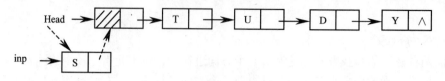

图 3.12　插入结点 S 后的单链表

（3）在单链表的中间位置插入元素

设在如图 3.11 所示的单链表中，插入一个元素"R"，使其变成"STUDRY"，其操作如下：

首先，确定插入位置，用指针 minp 来表示；

然后执行如下语句，完成插入操作。

inp=new OnelinkNode(3);

inp.next=minp.next;

minp.next=inp;

其结果如图 3.13 所示。

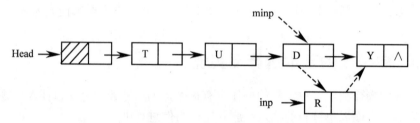

图 3.13　中间插入元素后的单链表

2. 在单链表中进行删除操作

【例 3.6】　对于用单链表表示的"STUDY"，若将"U"删除，应如何操作。

首先，确定删除元素的位置用 delq 表示，将该元素前一个位置用 delp 表示；

然后执行如下语句。

delp.next=delq.next;

或者 delp.next=(delp.next).next;

结果如图 3.14 所示。

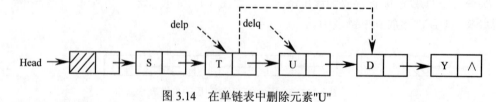

图 3.14　在单链表中删除元素"U"

3.4.4　其他形式的链表的相关运算

对于双向链表和循环链表，其操作和单链表非常类似，首先确定操作位置，在操作时，要注意在指针变化过程中，要满足先连线，再改变指针位置的操作顺序，否则就会出现结点丢失问题。

双向链表和循环链表相关运算的实现，此处不再叙述，请读者参考相关资料。

3.4.5　算法实例

【算法 3.3】　在链表的头部插入结点。

```java
public class LinkNode {
    private int data = -1;
    private LinkNode next = null;
    public void setData(int data) {
        this.data = data;
    }
    public void setNext(LinkNode next) {
        this.next = next;
    }
    public int getData() {
        return (this.data);
    }
    public LinkNode getNext() {
        return (this.next);
    }
}
public class LinkTable {
    private LinkNode head = null;
    private int counts = 0;
    public void insert(int d){
        if(head == null){
            head = new LinkNode();
        }
        LinkNode n = new LinkNode();//定义新的链表结点，并将数据赋给新结点
        n.setData(d);
        if(head.getNext() == null){//如果头结点的后继无结点，注意头结点中无数据
            head.setNext(n);
        }
        else{
            n.setNext(head.getNext());      //如果头结点的后继结点存在
            head.setNext(n);
        }
        counts ++;                          //结点总数增加
    }
    public void print(){
        LinkNode n = head.getNext();
        int iCounter = 1;
        while(n != null){
            System.out.print(n.getData() + " ");
```

```
                n = n.getNext();
                iCounter ++;
            }
        }
        public int size(){
            return this.counts;
        }
        public static void main(String[] args){
            LinkTable linkTable = new LinkTable();
            linkTable.insert(30);
            linkTable.insert(23);
            linkTable.insert(12);
            linkTable.insert(50);
            linkTable.insert(36);
            linkTable.insert(77);
            linkTable.insert(37);
            linkTable.print();
        }
    }
```

程序运行的结果为
37 77 36 50 12 23 30

3.5　线性表的应用

【学习任务】　在学习线性表基础知识的前提下，掌握线性表在顺序存储结构和链式存储结构下的应用实例及程序实现。

3.5.1　顺序表的连接

有两个顺序表 A 和 B，其元素均按从小到大的升序排列，编写一个算法将它们合并成一个顺序表 C，要求 C 的元素也是按从小到大的升序排列。

算法思路：依次扫描通过 A 和 B 的元素，比较当前的元素的值，将较小值的元素赋给 C，直到一个线性表扫描完毕，然后将未完的那个顺序表中余下的部分赋给 C。C 的容量要能够大于 A、B 两个线性表相加的长度即可。具体程序如下：

```
public class Combinate{
    void merge(int[] a,int[] b) {
        int   i,j,k;
        i=0;j=0;k=0;
        int alength=a.length;
        int blength=b.length;
        int clength=alength+blength;
```

```
        int[] c=new int[clength];
        while(i<alength && j<blength)
        if(a[i]<b[j])
            c[k++]=a[i++];
        else
            c[k++]=b[j++];
        while(i<alength)
            c[k++]=a[i++];
        while(j<blength)
            c[k++]=b[j++];
        System.out.println();
        System.out.print("排序好的是：");
        for(int l=0;l<clength;l++)
            System.out.print(" "+c[l]);
    }
    public static void main(String[] args) {
        Combinate a1=new Combinate();
        int[] a={2,5,7};
        int[] b={3,4,8,9};
        System.out.print("a 数组：");
        for(int i=0;i<a.length;i++)
            System.out.print(" "+a[i]);
        System.out.println();
        System.out.print("b 数组：");
        for(int j=0;j<b.length;j++)
            System.out.print(" "+b[j]);
        a1.merge(a,b);
    }
}
```

程序运行的结果为

a 数组：2 5 7

b 数组：3 4 8 9

排序好的是：2 3 4 5 7 8 9

3.5.2　字符串的逆转算法

假设有如下字符串"STUDY"，利用单链表存储该字符串，并实现将其逆转，即原字符串变为"YDUTS"，如图 3.15 所示。

分析：

根据单链表的插入和删除操作，其实现过程可以以 H1 为基础，将其第 1 个元素 S 作为单链表的末尾元素插入进来（这个过程实际已经完成）；将第 2 个元素 T 从原来的 H1 中删除，然后插入到以 H1 为头，S 为尾的单链表中去；然后按照这个过程依次将 U、D、Y 从原来的链表中删除，依次插入到原链表的首部，这样就实现了逆转。

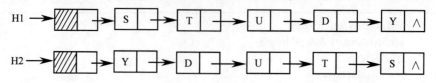

图 3.15　单链表的逆转示意图

具体程序如下：

```java
class LinkCharNode {
    private char data = '\0';
    private LinkCharNode next = null;
    public void setData(char data) {
        this.data = data;
    }
    public void setNext(LinkCharNode next) {
        this.next = next;
    }
    public char getData() {
        return (this.data);
    }
    public LinkCharNode getNext() {
        return (this.next);
    }
}
public class LinkCharTable {
    private LinkCharNode head = null;
    private int counts = 0;
    public LinkCharNode getHead(){
        return head;
    }
    public void insert(char d){
        if(head == null){
            head = new LinkCharNode();
        }
        LinkCharNode n = new LinkCharNode();//定义新的链表结点，并将数据赋给新结点
        n.setData(d);
        if(head.getNext() == null){        //如果头结点的后继无结点，注意头结点中无数据
            head.setNext(n);
        }
        else{
            n.setNext(head.getNext());     //如果头结点的后继结点存在
            head.setNext(n);
        }
        counts ++;                         //结点总数增加
    }
    public void delete(char d){
```

```
            if(head == null){
                System.out.println("链表中无数据!");
                return;
            }
            LinkCharNode p = head;
            LinkCharNode n = head.getNext();
            while(n != null){
                if(n.getData() == d){
                    p.setNext(n.getNext());
                }
                p = n;
                n = n.getNext();
            }
        }


    public void print(){
        LinkCharNode n = head.getNext();
        int iCounter = 1;                    //输出的字符个数
        while(n != null){
            System.out.print(n.getData() + " ");
            n = n.getNext();
            iCounter ++;
        }
        System.out.println();
    }
    public int size(){
        return this.counts;
    }
}
public class Combinate {
    public Combinate() {
    }
    public static void main(String[] args){
        LinkCharTable linkTable = new LinkCharTable();
        linkTable.insert('Y');
        linkTable.insert('D');
        linkTable.insert('U');
        linkTable.insert('T');
        linkTable.insert('S');
        linkTable.print();
        reverse(linkTable);
        linkTable.print();
    }
    public static void reverse(LinkCharTable lct){
        LinkCharNode n = lct.getHead().getNext();
```

```
        while(n != null)
        {
            char ch = n.getData();
            lct.delete(ch);
            lct.insert(ch);
            n = n.getNext();
        }
    }
}
```

程序运行的结果为

S T U D Y

Y D U T S

习   题

一、简答题

1. 举例描述下面的概念，并简述其特点。
   （1）线性表　　　　　　　　（2）顺序表　　　　　　　　（3）链表
   （4）线性表的逻辑结构　　　（5）线性表的存储结构

2. 简述顺序表可进行的基本操作及实现过程。

3. 阅读下面的程序，检查其语法错误，并说出该程序的功能。

```
public   int abc(node   *L, int x){
 int i=0;
 while(i<=L.length-1 && L.data [i]!= x)
     i++;
     if (i>L.length)   return -1;
         else       return i;
 }
```

4. 设计算法，删除顺序表和链式表中值为 T 的所有结点。

5. 对链表操作时，操作语句的顺序对操作结果有影响吗？为什么？

二、实验题

1. 编写程序，利用链表实现两个同阶多项式相加的算法。

2. 编写程序，在顺序表中统计某元素出现次数的算法。

3. 编程实现，将顺序表中的第 1、3、5、…位置的元素构成新的顺序表。

4. 利用 Java 语言完善本章中的各算法，并写出执行结果。

三、思考题

1. 结合自己的学习，分析线性表的顺序存储结构和链式存储结构的优缺点。

2. 双向链表、循环链表和单链表在操作上有哪些异同点，试举例说明。

3. 试举例分析链表的头指针和头结点的作用。

4. 对于有限制的线性表的操作如何进行？

第 4 章 栈和队列

【内容简介】

本章通过实例引入栈和队列的概念，理解栈的"后进先出"和队列的"先进先出"的特点，掌握栈和队列在顺序存储和链式存储结构的特点以及相应的运算，以及栈和队列的实例应用。

【知识要点】

◇ 栈和队列的相关概念；
◇ 栈的"后进先出"、队列的"先进先出"的结构特点；
◇ 栈在顺序存储结构、链式存储结构下的特点及相应算法实现；
◇ 队列在顺序存储结构、链式存储结构下的特点及相应算法实现；
◇ 实例应用。

【教学提示】

本章共设 8 个学时，理论 4 学时，实验 4 学时，重点介绍作为特殊线性表的栈和队列的特点，掌握栈和队列在顺序存储结构、链式存储结构下的特点；掌握栈和队列在两种存储结构下的相应运算、程序实现和实例应用。栈和队列的链式存储结构作为选学内容。

4.1 实例引入

【学习任务】 通过工程实例引入，重点理解栈的"后进先出"和队列的"先进先出"的操作特点。

【例 4.1】 自古华山一条道。

图 4.1 所示为华山上山的一段石路。自古华山一条道，假设道路只能允许一个人通过，那么，游客在登山游览的过程中，只能顺着石路一个接着一个上山，先登山的游客先到达目的地。这就类似于数据结构中的队列，满足"先进先出"的原则。如果在登山的过程中，由于某种原因，有一部分游客不想上山了，在返回的过程中，必须按照后上山的游客先下山，先上山的游客后下山的原则返回。这类似于数据结构中的栈，满足"后进先出"的原则。

图 4.1 华山道路的一段

4.2　栈的相关概述

【**学习任务**】　掌握栈的定义及相关概念，熟悉栈的操作顺序及元素进出栈的顺序，了解栈的存储结构。

4.2.1　栈的定义

栈是一种特殊的线性表，其全部操作都被限制在表的固定一端进行，而且构成栈的元素必须是同一数据类型。

例如，对于【例 4.1】，假设有 10 名游客组成的一个旅游团，其上山的顺序为游客 1、游客 2、游客 3、……、游客 10，由于某种原因，这 10 位游客不想上山了，其下山顺序为游客 10、……、游客 3、游客 2、游客 1，如图 4.2 所示，该过程和数据结构中栈的操作一致，其入栈对应上山顺序，其出栈对应下山顺序，满足"后进先出"的顺序。

4.2.2　栈的相关概念

栈的特点是在线性表的固定端（如图 4.2 所示的 top 端）进行操作，将进行操作的一端称为栈顶，用 top 表示；另一端称为栈底，用 bottom 表示。

栈的常用操作包括建立栈、元素进入栈（入栈）、元素退出栈（出栈）、取栈顶元素等。

当建立一个栈时，不包括任何元素，此时称其为空栈。栈为空时 top 和 bottom 共同指向栈底。向栈中插入元素称为入栈，使 top 指向的元素退出栈，称为出栈，出栈和入栈操作全部是针对栈顶元素（即 top 指向的元素）进行操作的。

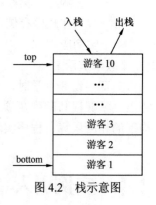

图 4.2　栈示意图

4.2.3　栈的操作过程

栈的操作全部是在固定端（栈顶）进行的。

【**例 4.2**】　停车场问题。

设有一个可以容纳 4 量车存放的停车场，一端封闭，另一端为车辆入口，如图 4.3 所示，设有 4 量编号为 001、002、003、004 的车按顺序进入停车场，每个车在停车场停留的时间最多不超过 1 小时，试写出其可能离开停车场的顺序。

（提示：由于某种原因，可能存在如下情况，当 00x 号车离开该停车场时，00（$x+1$）号车可能还没有进入停车场）。

分析：根据该问题的特点可知，进入和离开停车场只有一个口，因此该问题可归结为栈的问题，其操作全部是在左侧位置，即停车场的入口位置，因此某车预离开停车场，必须要等到停车场中在其后面停放的车都离开后，该车才能离开。

图 4.3　停车场模拟示意图

假设汽车进入停车场的顺序为 001，002，003，004，如图 4.4 所示，求其离开停车场的顺序。

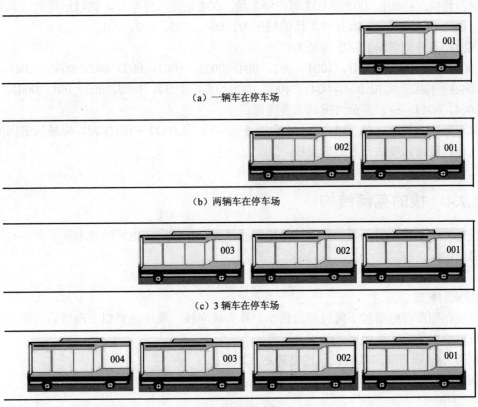

（a）一辆车在停车场

（b）两辆车在停车场

（c）3 辆车在停车场

（d）4 辆车在停车场

图 4.4　进入停车场

第一种情况：001 进入停车场，下面的操作可能出现两种情况。

（1）001 在停车场已停留一个小时，其他车还没有进入停车场，此时 001 号车在其他车进入之前离开，所以退出顺序 001 排在第一位，如图 4.4（a）所示。

（2）在 001 离开停车场之前，002 进入停车场，此时 001 无法离开停车场，只有等待 002 离开后，001 才可以离开停车场，如图 4.4（b）所示。

第二种情况：001 和 002 都在停车场，可能出现如下情况。

（1）在其他车进入停车场之前，002 离开停车场，过 1 小时后，001 离开停车场，退出顺序为：002，001，如图 4.4（b）所示。

（2）002 离开停车场，在 001 离开停车场之前，003 进入停车场，此时，停车场里的车是

003 和 001，情况类似如图 4.4（b）所示。

第三种情况：001 和 002 都在停车场，003 也进入停车场，可能出现如下情况。

（1）003 离开停车场，分别在 1 小时和 2 小时后，002 和 001 分别离开停车场，退出顺序：003，002，001，如图 4.4（c）所示。

（2）003 离开停车场，在其他车离开之前，004 进入停车场，此时，停车场里的车是 004、002 和 001，情况类似如图 4.4（c）所示。

（3）003 离开停车场，1 小时后，002 也离开停车场，在 001 离开停车场之前，004 进入停车场，此时，停车场里的车是 004 和 001，情况类似如图 4.4（b）所示。

第四种情况：001、002 和 003 都在停车场，004 也进入停车场，此时出现的情况只有一种，如图 4.4（d）所示。离开停车场的顺序为：004、003、002、001。

因此，离开停车场的顺序可能为

{001，002，003，004}，{001，002，004，003}，{001，003，002，004}，{001，003，004，002}，{002，001，003，004}，{002，001，004，003}，{002，003，001，004}，{002，003，004，001}，…，其余情况请读者考虑。

综上所述，栈是一个后进先出（Last In First Out，LIFO）的线性表，即最后进栈的元素最先出栈，最先入栈的元素最后出栈。

4.2.4　栈的存储结构

栈是特殊的线性表，因此其存储结构和线性表非常类似，也可以分为顺序存储结构和链式存储结构。

1．顺序栈

将栈在顺序存储结构下所得到的结构，称为顺序栈。顺序栈类似于高级语言中的数组，因此可以使用数组实现顺序栈的相关运算。

利用 Java 语言实现数组表示栈类的定义如下：

```java
public class StackX{                 //定义栈
    private final int SIZE = 20;
    private int[] st;
    private int top;

    public StackX(){                 //构造方法
        st = new int[SIZE];
        top = -1;
    }

    public void push(int j) {        //压栈
        st[++top] = j;
    }

    public int pop(){                //出栈
```

```
        return st[top--];
    }

    public int peek(){
        return st[top];
    }

    public boolean isEmpty(){    //空栈
        return (top == -1);
    }
}
```

2. 链式栈

将栈在链式存储结构下所得到的结构，称为链式栈。链式栈类似于高级语言中的指针，在 Java 语言中可以通过类的对象引用实现指针运算。

4.3　用数组实现顺序栈及操作

【学习任务】　理解顺序栈连续存储的特点，基本运算方法及利用 Java 语言实现程序的方法和特点。

顺序栈的结构和高级语言中的数组一样，可用一段连续的空间存储栈中的各个元素，如图 4.5 所示。

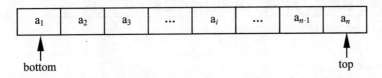

图 4.5　顺序栈的数组表示示意图

将数组的一端固定作为栈底（一般指下标小的一端），用 bottom 表示；另一端为栈顶，是栈的操作端，用 top 表示。当增加元素时，top 随着变化，总是指向栈顶元素。当 top 达到数组的最大值 a_n 时，表示栈满状态，此时，只能进行出栈操作，而不能进行入栈操作。

【算法 4.1】　通过下面的【例 4.3】实现顺序栈的各种运算。

【例 4.3】　根据【例 4.2】中的停车场问题，再结合如图 4.3 所示的图形，完成停车场中有关车辆的相应操作：

①　判断目前停车场是否有车辆，即是否为空；
②　目前有 00x 号的汽车进入停车场，如何实现操作；
③　现停车场最外边的车号为 00y，该车离开停车场，如何实现操作；
④　若想判断停车场最外面的车是哪辆车，如何操作。

根据对题目分析可知，此操作为栈的相关操作，为实现该操作，采用数组方式描述栈，令数组下标为 0 端为栈底，不允许操作；另一端为栈顶，完成栈的操作，实现程序如下。

① 判断停车场是否为空：

```
public boolean empty(){
    return top == -1;        //如果栈是空的话，return true;
}
```

② 现有某车进入停车场，算法实现如下：

```
public void push(Object element){
    if(top==stack.length-1)
        System.out.println("栈满");
    stack[++top]=theElement;
}
```

③ 现停车场最外边的某车出停车场，算法实现如下：

```
public Object pop(){
    if(empty())
        System.out.println("栈空");
    Object topElement=stack[top];
    stack[top--]=null;
    return topElement;
}
```

④ 若想判断停车场最外面车辆的车号，算法实现如下：

```
public Object peek(){
    if(empty())
        System.out.println("栈空");
    return stack[top];
}
```

针对以上个步骤算法，则车辆入栈和出栈实现如下：

```
public class OrderStack {
    int top = -1;
    String[] stack;
    public OrderStack(int initcap)throws Exception        {
        if(initcap<=0)              {
            throw new Exception("容量必须大于或等于 1");
        }
        else        {
                stack = new String[initcap];
        }
    }
    public boolean empty(){
        return top == -1;        //如果栈是空的话，return true;
    }
    public void push(String element){
        if(top==stack.length-1)
            System.out.println("栈满");
        stack[++top]=element;
    }
}
```

```
public String pop(){
    if(empty())
    System.out.println("栈空");
    String topElement=stack[top];
    stack[top--]=null;
    return topElement;
}
public static void main(String[] args) {
    try {
        String[] bus = new String[] { "001", "002", "003", "004" };
        OrderStack os = new OrderStack(bus.length);
        for(int i = 0; i < bus.length; i++)        {
            os.push(bus[i]);
        }
        while(os.top > -1){
            System.out.println(os.pop());
        }
    } catch (Exception e) {
        e.printStackTrace();
    }
}
}
```

程序运行的结果为

004

003

002

001

4.4　用类实现链式栈及相应操作

【学习任务】　理解链栈的非连续存储特点，基本运算方法及利用 Java 语言实现程序的方法和特点。

链式栈类似于线性表的链式存储结构，只不过其所有的操作都限制在表头位置上进行，其存储空间可以是任意的，不一定是连续的存储空间。

链式栈的表示如图 4.6 所示，用 bottom 表示栈底，用 top 表示栈的操作端（即栈顶）。

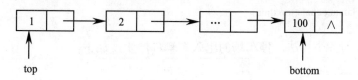

图 4.6　链式栈的表示示意图

【算法 4.2】 通过下面的【例 4.4】实现链栈的各种运算。

【例 4.4】 根据【例 4.2】中的停车场问题，再结合如图 4.3 所示的图形，完成停车场中有关车辆的相应操作：

① 判断目前停车场是否有车辆，即是否为空；

② 目前有 00x 号的汽车进入停车场，如何实现操作；

③ 现停车场最外边的车号为 00y，该车离开停车场，如何实现操作；

④ 若想判断停车场最外面的车是哪辆车，如何操作。

根据对题目分析可知，此操作为链栈的操作，为实现该操作，采用栈的链式存储方式，令 top 指向栈顶，为栈的操作端，实现程序如下。

首先定义链栈类：

```java
class StackNode{
    String data;
    StackNode next;
}
```

① 判断停车场是否有为空：

```java
boolean empty(){
    return top= =null;
}
```

② 现有某车进入停车场，程序实现如下：

```java
StackNode push(StackNode S) {
    S.next = top;
    top = S;
    return top;
}
```

③ 现停车场最外边的某车离开停车场，操作如下：

```java
StackNode pop(){
    if(empty()){
        System.out.println ("Stack undedow.") ;
    }
    StackNode sn = top;
    top = top.next;
    return sn;
}
```

④ 若想判断停车场最外面的车辆，操作如下：

```java
boolean StackTop(StackNode S)   {
    if(empty())
        System.out.println ("Stack   undedow.") ;            //下溢
    return S.data.equals(top.data)
}
```

针对链式栈的各个算法，停车场的出入车辆程序实现如下：

```java
public class LinkStack {
    StackNode top;
```

```
    boolean empty(){
        return top == null;
    }
StackNode push(StackNode S)
 {
            S.next = top;
            top = S;
            return top;
    }
    StackNode pop(){
        if(empty()){
            System.out.println ("Stack undedow.") ;
        }
        StackNode sn = top;
        top = top.next;
        return sn;
    }

    public static void main(String[] args) {
        try {
            String[] bus = new String[] { "001", "002", "003", "004" };
            LinkStack os = new LinkStack();
            StackNode sn = null;
            for(int i = 0; i < bus.length; i ++){
                sn = new StackNode();
                sn.data = bus[i];
                os.push(sn);
            }
            while(os.top != null)      {
                sn = os.pop();
                System.out.println(sn.data);
            }
        } catch (Exception e) {
            e.printStackTrace();
        }
    }
}
```

程序运行的结果为
004
003
002
001

栈只允许在其一端进行操作的性质，对其算法的实现起到瓶颈的作用，为此，引入了可以从两个方向进行操作的结构——队列。

4.5 队列的相关概述

【学习任务】 掌握队列的"先进先出"的特点，理解队列的操作过程，队列的两种存储结构及特点。

4.5.1 队列的定义

队列和栈一样都是一种操作受到限制的线性表，构成队列的元素必须是同一数据类型。队列的操作可以在两端进行，一端进行插入操作，另一端进行删除操作。

例如，图 4.7 所示为某公共汽车站排队等待的汽车。图中 front 指向队列最前面的 001 号汽车，即对头，后面依次为 002、003、…。rear 指向的是队尾的 00n 号汽车；001 号汽车出站后，002 号汽车变为队头，相当于把 front 指针后移指向 002 号公共汽车，其余汽车顺次前移，以此类推。

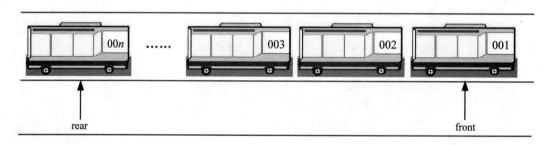

图 4.7 队列模拟示意图

4.5.2 队列的相关概念

队列是一种插入和删除分别在两端进行操作的线性表，进入队列端称为队列的队尾，用 rear 表示；离开队列的一端称为队列的队头，用 front 来表示，即队列的队头进行删除操作。当一个队列 rear 指向最后一个位置时，不能再进行插入操作，称为队列满状态。当 front 指向的位置在 rear 后面时，表示队列中没有元素可以离开，说明队列是空状态。

值得注意的是：队列空和满都可能出现假空和假满的状态，后面要具体分析。

图 4.7 所示为一个由 n 辆汽车构成的队列。入队列的顺序依次为 001、002、003、…、00n，和栈不同的是，其出队时的顺序只有一种，依然是 001、002、003、…、00n，即先进队列的元素先出队列，因此称其为"先进先出"（First In First Out，FIFO）的数据结构。

4.5.3 队列的存储结构

与栈存储结构相似，队列也有两种存储方式，即顺序存储方式和链式存储方式。

1. 顺序队列

队列在顺序存储结构下所得到的结构，称为顺序队列。对于顺序队列可用类似于高级语言中的数组去实现其存储和相关操作，因此可以使用数组实现顺序队列的相关运算。

利用 Java 语言实现数组表示队列类的定义如下：

```java
public class Queue{                //定义队列
    private final int SIZE = 20;
    private int[] queArray;
    private int front;
    private int rear;

    public Queue(){                //构造方法
        queArray = new int[SIZE];
        front = 0;
        rear = -1;
    }
    public void insert(int j) {     //入队列
        if(rear == SIZE-1)
            rear = -1;
        queArray[++rear] = j;
    }

    public int remove(){            //出队列
        int temp = queArray[front++];
        if(front == SIZE)
            front = 0;
        return temp;
    }

    public boolean isEmpty(){       //队列为空
        return ( rear+1==front || (front+SIZE-1==rear) );
    }
}
```

2. 链式队列

队列在链式存储结构下所得到的结构，称为链式队列，简称链队。链式队列类似于高级语言中的指针，对于 Java 语言，可通过类的对象实现指针运算。

4.6 用数组实现顺序队列及相应操作

【学习任务】 理解队列在顺序存储结构下的特点，掌握在顺序存储结构下其基本运算及利用 Java 语言实现程序的过程。

和顺序栈类似，队列也可以用数组实现其顺序存储结构，将数组的一端作为队列插入端（即队头端，一般是下标小的一端），用 front 表示队头；另一端作为队列删除端（即队尾，一般是下标大的一端），用 rear 表示队尾。当队列增加元素时，rear 向后移动，当 rear 达到数组的最大值 a_n 时，表示队列满状态，此时，不能进行入队列操作。当队列删除元素时，front 向后移动，当队列中所有元素都已被删除时，即 rear 指向的元素在 front 之后（即 rear=front+1）时，队列不能进行删除元素的操作，如图 4.8 所示。

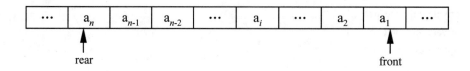

图 4.8　队列的数组表示示意图

说明：

队列的操作是在两端进行的，因此，当为队列申请到一段连续空间后，插入元素在 rear 端进行，删除元素在 front 端进行，删除后的元素虽然从队列中出来，但是其空间还被占用，当 rear 达到最大值，其实整个队列的空间并未占满，剩余的空间在 rear 的左端，这将造成空间上的浪费，可将最大值（假设为 n）的下一个元素设置成整个队列的第一个元素，这样使队列形成了一个环，称为环形队列，可充分利用存储空间。

【算法 4.3】　队列在顺序存储结构下的相应运算的实现。

【例 4.5】　设有 888 路公交汽车始发站，有 n 辆 888 路汽车在排队等候发车，发车顺序如图 4.7 所示，假设有公共汽车返回始发站，就排在 00n 后面，用指针 rear 指向最后一辆车的位置，另一个指针 front 指向排在开头的第一辆车，即指向即将发车的车辆，用顺序方式（数组）对其进行存储，根据要求完成如下相应操作：

① 判断 888 路公交汽车始发站是否有车待发；

② 若有 00x 号的 888 路公交汽车进入停车场，如何实现操作使其加入待发车的行列；

③ 排在队头的车辆发车，如何实现操作。

根据题意可知，此操作可使用队列的顺序存储结构，为实现该操作，用 rear 指向队尾元素，用 front 指向队头元素，完成队列的相关操作，实现程序如下。

① 判断公交汽车始发站是否有车待发：

```java
public boolean empty(){
    return rear == -1;
}
```

② 公共汽车进入始发站排队等候，操作过程实现如下：

```java
public void put(Object theElement){
    rear = (rear + 1)%queue.length;
    queue[rear]=theElement;
}
```

③ 排在队头的公共汽车发车，实现过程如下：

```java
public Object remove(){
    if(empty()){
```

```
            return null;
        }
        Object frontElement=queue[front];
        queue[front]=null;
        front = (front + 1)%queue.length;
        if(queue[front] == null)rear = -1;
        return frontElement;
    }
}
```

针对 888 路公交车始发站车辆管理情况，通过顺序存储的队列实现如下：

```
public class OrderQueue {
    int rear = -1;
    int front = 0;
    String[] queue = null;
    public OrderQueue(int inicap)throws Exception{
        if(inicap <= 0)
            throw new Exception("容量必须大于 0");
        queue = new String[inicap];
    }
    public boolean empty(){
        return rear == -1;
    }
    public void put(String theElement){
        rear = (rear + 1)%queue.length;
        queue[rear]=theElement;
    }
    public String remove(){
        if(empty())
            return null;
        String frontElement=queue[front];
        queue[front]=null;
        front = (front + 1)%queue.length;
        if(queue[front] == null) rear = -1;
        return frontElement;
    }
}

public static void main(String[] args) {
    try {
        String[] bus = new String[] { "001", "002", "003", "004" };
        OrderQueue oq = new OrderQueue(bus.length);
        for(int i = 0; i < bus.length; i ++){
            oq.put(bus[i]);
        }
        while(!oq.empty()){
            System.out.println(oq.remove());
```

```
            }
        } catch (Exception e) {
            e.printStackTrace();
        }
    }
}
```

程序运行的结果为
001
002
003
004

4.7 用类实现链队列及相应操作

【学习任务】 理解队列在链式存储结构下的特点，掌握在链式存储结构下其基本运算及利用 Java 语言实现程序的过程。

队列的链式存储结构和链栈基本一样，其存储空间可以是任意的，不一定是连续的存储空间。在操作方面，将入队列端用 rear 表示，出队列端用 front 表示，队列所有的操作全在两端进行。如图 4.9 所示。

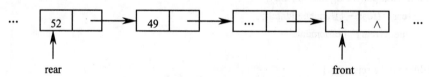

图 4.9 队列的链式表示示意图

【算法 4.4】 队列在链式存储结构下相应运算的实现。

【例 4.6】 对于【例 4.5】中的问题，若用队列的链式存储进行存储，根据要求完成如下相应操作：

① 判断 888 路公交汽车始发站是否有车待发；

② 若有 00x 号的 888 路公交汽车进入停车场，如何实现操作使其加入待发车的行列；

③ 排在队头的车辆发车，如何实现操作。

根据题意可知，此操作可使用队列的链式存储结构，为实现该操作，用 rear 指向队尾元素，用 front 指向队头元素，完成队列的相关操作，实现程序如下。

首先定义队列节点：

```
class QueueNode{
    String data;    //读者可根据需要改变 data 的数据类型
    QueueNode next = null;
}
```

① 公交汽车始发站是否有车待发：

```
public boolean empty(){
```

```
        return (rear==null&&front==null);
}
```
② 公交汽车进入始发站排队等候发车：
```
public void put(Object theElement){
        if(empty()){
                front = rear = theElement;
        }
        else{
                rear.next = theElement;    rear = theElement;
        }
}
```
③ 排在队头的车辆发车，离开队列：
```
public Object remove(){
        if(empty())
                System.out.println("此对为空，不能出对！");
        QueueNode qn = front;
        front = front.next;
        if(front == null) {
                rear = null;
        }
        return qn;
}
```
通过链式队列实现公交汽车站的进出管理，程序实现如下：

```
public class LinkQueue {
        private QueueNode rear = null;
        private QueueNode front = null;
        public boolean empty(){
                return (rear==null&&front==null);
        }

        public void put(QueueNode qn){
                if(empty())
                        front = rear = qn;
                else
                        rear.next = qn;    rear = qn;
        }

        public QueueNode remove(){
                if(empty())
                        System.out.println("此对为空，不能出对！");
                QueueNode qn = front;
                front = front.next;
                if(front == null)
                        rear = null;
```

```
            return qn;
        }

    public static void main(String[] args) {
        try {
            String[] bus = new String[] { "001", "002", "003", "004" };
            LinkQueue lq = new LinkQueue();
            QueueNode qn = null;
            for(int i = 0; i < bus.length; i ++){
                qn = new QueueNode();
                qn.data = bus[i];
                lq.put(qn);
            }
            while(!lq.empty()){
                qn = lq.remove();
                System.out.println(qn.data);
            }
        } catch (Exception e) {
            e.printStackTrace();
        }
    }
}
```

程序运行的结果为
001

002

003

004

4.8　栈和队列的实例应用

【学习任务】　理解栈和队列的操作特点，算法过程及利用 Java 语言实现程序的过程。
【例 4.7】　递归公式的求解过程。

$$a_n = \begin{cases} 2 & n = 0 \\ 3 & n = 1 \\ 5a_{n-1} + 3a_{n-2} & n \geqslant 2 \end{cases}$$

编程实现：
① 求 a_5 的值；
② 求 $s_5 = a_0 + a_1 + a_2 + a_3 + a_4 + a_5$ 的数值。
分析：利用栈的顺序结构进行存储，并实现求 a_5 和 s_5 的数值。
分析过程：

① 求 a_5 的值，必须知道 a_4 和 a_3 的值，如图 4.10（b）所示。

② 求 a_4 的值，必须知道 a_3 和 a_2 的值，如图 4.10（c）所示。

③ 求 a_3 的值，必须知道 a_2 和 a_1 的值，如图 4.10（d）所示。

④ 求 a_2 的值，必须知道 a_1 和 a_0 的值，如图 4.10（e）所示。

求解过程：

① 根据 a_1+a_0 求得 $a_2=21$；

② 根据 a_2+a_1 求得 $a_3=114$；

③ 根据 a_3+a_2 求得 $a_4=633$；

④ 根据 a_4+a_3 求得 $a_5=3507$；

递归求解过程如图 4.10 所示，图中实线表示分析过程，虚线表示求解过程。

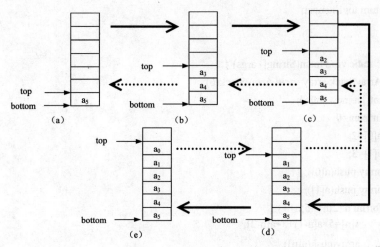

图 4.10　【例 4.7】公式的递归分析及求解过程

程序实现如下：

```
import java.util.Vector;
import java.util.Stack;
public class ArrayStack {
    int top;
    int[] stack;
    public ArrayStack(int initialCapacity) {
        if(initialCapacity<1) {
            throw new IllegalArgumentException("initialCapacity must be >1");
        }
        stack=new int[initialCapacity];
        top=-1;
    }

    public boolean empty() {
        return top==-1;
    }
```

```java
public void push(int theElement) {
    if(top==stack.length-1)
        System.out.println("栈满！");
    stack[++top]=theElement;
}

public int pop() {
    if(empty())
        System.out.println("此栈为空，不能出栈！");
    int topElement=stack[top];
    top--;
    return topElement;
}

public static void main(String[] args) {
    ArrayStack array=new ArrayStack(6);
    int[] a=new int[6];
    int sum=0;
    a[0]=2;
    a[1]=3;
    array.push(a[0]);
    array.push(a[1]);
    for(int n=2;n<=5;n++) {
        a[n]=5*a[n-1]+3*a[n-2];
        array.push(a[n]);
    }
    for(int n=5;n>=0;n--) {
        if(n==5) {
            int aa=array.pop();
            System.out.println("a5 的值是："+aa);
            sum=aa;
        }
        else {
            int arr=array.pop();
            sum+=arr;
        }
    }
    System.out.println("s5 的值是："+sum);
}
}
```

程序运行的结果为
a5 的值是：3507
s5 的值是：4280

【例 4.8】 编排顺序问题。

某学校进行 2007 年军训汇报总结大会，其中包括队列汇报表演，汇报表演的顺序以系为单位，按照机械系、电工系、热工系、化工系的顺序进行汇报，每个系分别包括 6、7、4、5 个班级，班级分别为机 1～机 6；电 1～电 7；热 1～热 4；化 1～化 5，请编程实现班级汇报表演的顺序安排。

分析：本题用队列的顺序存储方式实现，首先令机械系、电工系、热工系和化工系 4 个元素入队列，每个系又分若干个班级（分别为 6、7、4、5），安排顺序时，先入队列先安排表演，这样就可以解决该问题。

程序实现如下：

```java
public class ArrayQueue{
    int rear=-1;
    int front=0;
    String[] queue;

    public ArrayQueue(int initialCapacity) {
        if(initialCapacity<1) {
            throw new IllegalArgumentException("initialCapacity must be >=1");
        }
        queue=new String[initialCapacity];
    }

    public boolean empty(){
        return rear==-1;
    }

    public void put(String theElement) {
        if(rear==queue.length-1)
            System.out.println("对满！ ");
        queue[++rear]=theElement;
    }

    public String remove(){
        if(empty())
            System.out.println("此对为空，不能出对！ ");
        String topElement=queue[front++];
        return topElement;
    }

    public static void main(String[] args) {
        ArrayQueue array=new ArrayQueue(4);
        ArrayQueue array1=new ArrayQueue(22);
        String[] str1={"机械系","电工系","热工系","化工系"};
        String[] str2={"机 1","机 2","机 3","机 4","机 5","机 6","电 1","电 2","电 3","电 4","电 5","电 6","电 7","热 1","热 2","热 3","热 4","化 1","化 2","化 3","化 4","化 5"};
```

```java
for(int i=0;i<4;i++){
    array.put(str1[i]);
}
for(int i=0;i<22;i++){
    array1.put(str2[i]);
}
for(int i=0;i<4;i++){
    String grade=array.remove();
    System.out.println("系别 ： "+grade);
    switch(i){
        case 0:
            for(int j=0;j<6;j++)
                { String c=array1.remove();System.out.println("班级： "+c);}break;
        case 1:
            for(int j=0;j<7;j++)
                { String c=array1.remove();System.out.println("班级： "+c);}break;
        case 2:
            for(int j=0;j<4;j++)
                { String c=array1.remove();System.out.println("班级： "+c);}break;
        case 3:
            for(int j=0;j<5;j++)
                { String c=array1.remove();System.out.println("班级： "+c);}break;
    }
}
```

程序运行的结果为

系别：机械系
班级：机 1
班级：机 2
班级：机 3
班级：机 4
班级：机 5
班级：机 6
系别：电工系
班级：电 1
班级：电 2
班级：电 3
班级：电 4
班级：电 5
班级：电 6
班级：电 7

系别：热工系
班级：热 1
班级：热 2
班级：热 3
班级：热 4
系别：化工系
班级：化 1
班级：化 2
班级：化 3
班级：化 4
班级：化 5

习　题

一、简答题

1. 简述栈和队列的操作特点，体会栈和队列是特殊线性表的含义。
2. 栈的顺序存储结构和高级语言程序设计中数组的操作有哪些联系？
3. 举例说明栈的两种存储结构及简单应用。
4. 简述栈满状态的含义，分析原因。
5. 请写出【例 4.2】中所有出栈的可能，并且考虑如果车辆不是 4 辆而是 3 辆，结果如何？
6. 举例说明队列的两种存储结构及简单应用。
7. 队列中如何解决假上溢现象？

（提示：假上溢现象是指，当 rear 指向的位置已经为最大值，而 front 指向位置的右侧还有可利用的剩余空间的现象。）

8. 试举出你所知道的符合栈和队列操作的实例，并分析其过程。

二、实验题

1. 编程解决【例 4.2】的停车场问题，并验证结果。
2. 编程输出斐波那契序列的前 50 项。

（提示：斐波那契序列满足如下递归条件：

$$\begin{cases} f(0)=0 & n=0 \\ f(1)=1 & n=1 \\ f(n)=f(n-1)+f(n-2) & n>1 \end{cases})$$

3. 编程求两个数的最大公因数。
4. 画出利用栈求表达式 30−5*(3/7−20)的过程及栈的情况。

三、思考题

1. 栈与递归之间的关系如何理解？如何利用栈解决递归问题。
2. 利用 Java 语言解决栈和队列问题有何特点？

第 5 章　数组和广义表

【内容简介】

本章主要介绍数组概念及相关概述，特殊矩阵的概念及压缩存储，稀疏矩阵的表示及相关内容，广义表的基本概念及其存储结构。数组作为常用的数据结构，其应用十分广泛，几乎在所有高级程序设计语言中，数组都是一个固有数据类型，它可以看做是线性表的推广。

【知识要点】

◇　数组的基本概念；

◇　一维数组和二维数组；

◇　特殊矩阵及其压缩存储结构；

◇　稀疏矩阵及其压缩存储结构；

◇　广义表的概念；

◇　广义表的存储结构。

【教学提示】

本章共设 8 学时，理论 4 学时，实验 4 学时，重点讲解数组、特殊矩阵、广义表的基本概念及其存储结构。在学习中，重点掌握数组的顺序存储结构和元素地址的计算方法，各种特殊矩阵的压缩存储方法；理解稀疏矩阵的三元组存储结构及其实现算法，灵活运用数组解决一些实际问题的难点知识。稀疏矩阵的三元组的链式存储结构和广义表的存储结构可作为选学内容。

5.1　实例引入

【学习任务】　通过实例引入，了解数组的特点以及结构构成。

【例 5.1】　某单位运动会座位安排示意图。

某单位预举行春季运动会，图 5.1 所示为该单位体育场的座位安排情况，共分为 13 个区，图 5.2 所示为某区座位安排情况。

对座位的安排，首先分为 A、B、…、M 等区，每个区由若干行若干列座位组成，对于每行（即每排）来说，可分为按照序号 1、3、…、49 排序的单号区或按照 2、4、…、50 排序的双号区，因此每个人的座位号都会分为区、排、号。体育场座位安排类似于计算机高级语言中的数组。例如 B 区 30 排 25 号，可以表示为一个三维数组，每个区中的座位可以表示成为一个二维数组，每排或每列座位可以看成一个一维数组。本章将重点介绍数组及其相关知识。

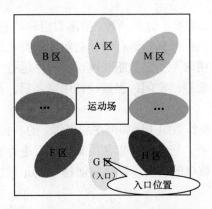

图 5.1　某单位运动场座位安排示意图

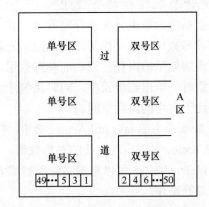

图 5.2　该单位体育场某区座位安排示意图

5.2　数组

【学习任务】　准确把握数组的相关概念，熟练掌握一维数组中数据元素地址的计算方法，理解二维数组中数据元素地址的计算方法，了解相关应用。

5.2.1　数组的基本概念

1.　数组的定义

数组（Array）是一组具有相同数据类型的数据集合。数组中的每个数据称为数据元素。数据元素按次序存储于一段地址连续的内存空间中，即数组是数据元素的线性组合，类似于顺序存储结构的线性表。

2.　数组的相关概念

（1）下标

数据元素在数组中的位置编号称为数组的下标，在 Java 语言中，数组的下标是从 0 开始的，第 1 个数据元素的下标为 0，第 2 个数据元素的下标为 1，……。可以通过下标找到存放该元素的存储地址，访问该数据元素的值。数组中的每一个元素和下标唯一对应。

在 Java 语言中，数据元素可以是简单数据类型，也可以是引用类型。在 Java 语言中，声明数组变量时不需要指定数组的长度，只有使用 new 运算符为数组分配空间后，数组才真正占用一段连续地址的存储单元。而当数组使用完之后，Java 语言的垃圾回收机制将自动销毁不再使用的对象，收回对象所占的资源。

（2）维数

数组下标的个数就是数组的维数，有一个下标就是一维数组；有两个下标就是二维数组……有 3 个以上的下标，就统称为多维数组。

3. 静态数组和动态数组

根据系统为数组分配内存空间的方式不同，可以将数组分为两种：静态数组和动态数组。所谓的静态数组，就是声明时指定数据元素个数。当程序开始运行时，数组才获得系统分配的一段连续地址的内存空间。而动态数组，是在声明时不指定数组长度，当程序运行中需要使用数组时，给出数组长度，同时系统才为数组分配存储空间；当数组使用完之后，需要向系统归还所占用的内存空间。

在 Java 语言的 java.util.Arrays 类中，包含用来操作数组（例如排序和搜索）的各种方法。java.util.Vector 可以实现变长的对象数组。与数组一样，它包含可以使用整数索引进行访问的组件。但是，Vector 可以根据实际需要增大或缩小数组的长度，以适应创建 Vector 后进行添加或删除等操作。

5.2.2 一维数组

数组是 n（$n \geq 1$）个相同类型的数据元素 a_0，a_1，$\cdots$，a_i，$\cdots$，a_{n-1} 组成的有限序列，存储在一段连续的内存单元中。在一维数组中的每个数据元素都对应于一个下标 i，每个下标的取值范围是 $0 \leq i < n$。其中，n 表示数组的长度。

在一维数组中，当系统为一个数组分配连续的内存单元时，该数组的存储地址即数组的首地址 $LOC(a_0)$ 就确定了。假设每个数据元素占用了 L 个存储单元，则任意一个数据元素的存储地址 $LOC(a_i)$ 就可由如下公式计算得出：

$$LOC(a_i) = LOC(a_0) + i \times L \qquad (0 \leq i \leq n-1)$$

该式说明，一维数组中的数据元素的存储地址可以直接计算得到，即一维数组中的任意一个数据元素可直接存取（即随机存储结构）。可以通过如下形式访问数组中任意指定的数据元素：

数组名[下标]

5.2.3 二维数组

二维数组是线性表的推广。二维数组可以看做"其数据元素为一维数组"的线性表。以此类推，多维数组可以看做一个线性表，这个线性表中的每一个数据元素也是一个线性表。

1. 二维数组的概念

对于一个 m 行 n 列的二维数组 $A_{m \times n}$，有

$$A_{m \times n} = \begin{bmatrix} a_{00} & a_{01} & \cdots & a_{0,\,n-1} \\ a_{10} & a_{11} & \cdots & a_{1,\,n-1} \\ \vdots & \vdots & & \vdots \\ a_{m-1,0} & a_{m-1,1} & \cdots & a_{m-1,\,n-1} \end{bmatrix}$$

将 $A_{m\times n}$ 简记为 A，A 是这样的一维数组：

$$A=(a_0,\ a_1,\ \cdots,\ a_p)\qquad (p=m-1\ 或\ p=n-1)$$

其中每个数据元素 a_i 是一个行向量形式的线性表，即

$$a_{i=}(a_{i0},\ a_{i1},\ \cdots,\ a_{i,n-1})\qquad (0\leqslant i\leqslant m-1)$$

或者每个数据元素 a_j 是一个列向量形式的线性表，即

$$a_{j=}(a_{0j},\ a_{1j},\ \cdots,\ a_{m-1,j})\qquad (0\leqslant j\leqslant n-1)$$

2. 二维数组的存储结构

对于二维数组，如何使用线性存储结构存放二维数组的数据元素呢？

对于二维数组 $A_{m\times n}$，使用一段连续的存储单元存放数据元素的方式有以下两种。

一种是以行为主序的顺序存储，即首先存储第 1 行的数据元素，然后存储第 2 行的数据元素，……最后存储第 m 行的数据元素。此时，二维数组的线性排列次序为

$$a_{00},\ a_{01},\ \cdots,\ a_{0,n-1},\ a_{10},\ a_{11},\ \cdots,\ a_{1,n-1},\ \cdots,\ a_{m-1,0},\ a_{m-1,1},\ \cdots,\ a_{m-1,n-1}$$

其存储形式如图 5.3（a）所示。

另一种是以列为主序的顺序存储。二维数组的线性排列次序为

$$a_{00},\ a_{10},\ \cdots,\ a_{m-1,0},\ a_{01},\ a_{11},\ \cdots,\ a_{m-1,1},\ \cdots,\ a_{0,n-1},\ a_{1,n-1},\ \cdots,\ a_{m-1,n-1}$$

其存储形式如图 5.3（b）所示。

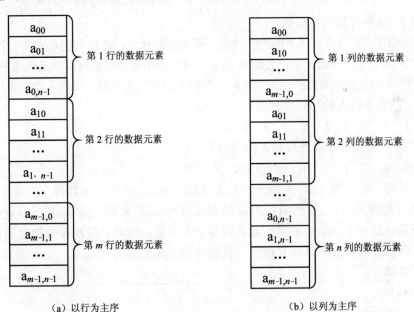

（a）以行为主序　　　　　　　　（b）以列为主序

图 5.3　二维数组的两种顺序存储方式

数据元素的存储位置是由其下标决定的。二维数组 $A_{m\times n}$ 的第 1 个数据元素 a_{00} 的存储地址为 $LOC(a_{00})$，每个数据元素占用 L 个存储单元，则按行为主序存储数组时，该二维数组中任意一个数据元素 a_{ij} 的存储地址 $LOC(a_{ij})$ 可由下式确定：

$$LOC(a_{ij}) = LOC(a_{00}) + (i\times n+j)\times L$$

在存储单元中，数据元素 a_{ij} 前面已存放了 i 行，每一行的数据元素的个数为 n，则已存放了 $i \times n$ 个数据元素，占用了 $i \times n \times L$ 个内存单元；在第 i 行中 a_{ij} 的前面还有 j 个数据元素，占用了 $j \times L$ 个内存单元。

同理，按列为主序存储数组时，数据元素 a_{ij} 的存储地址为

$$LOC(a_{ij}) = LOC(a_{00}) + (j \times m + i) \times L$$

容易看出，数据元素的存储位置是其下标的线性函数，符合随机存储特性。上述公式和结论可以推广至三维数组甚至多维数组中。

【例 5.2】 声明如下二维数组：

float[][] twoD = new float[3][4];

回答下列问题。

① 数组 twoD 中的数据元素的个数是多少？存放数组 twoD 至少需要多少个字节？

② 如果按行为主序的存储方式，并且假设数组 twoD 的起始地址为 3000，则数据元素 twoD[2][2]的存储地址是多少？

解：

① 由于数组的类型为 float，即数组中的每个数据元素在内存中占 4 个字节，所以该二维数组共有 3×4=12 个数据元素，共占 12×4=48 个字节。

② 由于数组是按行为主序的存储数据元素，则数组 twoD[2][2]的存储位置为

$$LOC(a_{22}) = LOC(a_{00}) + (2 \times 4 + 2) \times L = 3000 + (2 \times 4 + 2) \times 4 = 3040$$

【例 5.3】 求解约瑟夫环问题。

古代某法官要判决 n 个犯人的死刑，他有一条荒唐的规定，将 n 个犯人站成一个圆圈，其编号为 $1 \sim n$，从第 1 个人开始数起，数到 m 的犯人就拉出来处决，然后再从出列的下一个犯人开始报数，数到 m 的人拉出来处决……，直到 n 个犯人都出列被处决，输出 n 个犯人出列的顺序。

例如，有 10 个犯人的初始序列为

    1 2 3 4 5 6 7 8 9 10

当 $m=7$ 时，出列依次被处决犯人的顺序为

    7 4 2 1 3 6 10 5 8 9

分析：采用一维数组 p[]，先将 n 个犯人的编号存入 p[0]～p[n-1]中。从编号为 1（即下标 $k=0$）的人开始循环报数，数到编号为 m 的犯人出列，即将数据元素 p[k]（下标 $k=(k+m-1)\%i$）输出，并将其从数组中删除，后面的元素前移一个位置，因此，每次报数的起始位置就是上次报数的出列位置。以上步骤反复执行，直到 n 个犯人全部出列。

程序代码如下：

```
import java.io.*;
public class Josephus{
  public static void main(String[] args)throws Exception {
      int n=10;                    //n 表示犯人个数
      int m=7;                     //数到编号为 m 的犯人出列
      int i,j,k= 0;                //k 首次报数的起始位置
      int[] p=new int[n];
          for(i=0;i<n; i++)        //构建初始序列
```

```
                    p[i]=i+1;
        System.out.println("出列依次被处决犯人的顺序为： ");
        for(i=n;i>=1; i--)                    //i 为数组 p 中的犯人个数
        {
            k=(k+m-1)%i;                       //k 为出列犯人的编号
            System.out.print(" "+p[k]);        //编号为 k 的数据元素出列
            for(j=k+1;j<=i-1;j++)
            {                                  //后面的元素前移一个位置
                p[j-1]=p[j];
            }
        }
    }
}
```

程序运行的结果为

出列依次被处决犯人的顺序为：

7 4 2 1 3 6 10 5 8 9

【例 5.4】 二维数组的应用示例。

假设有如下矩阵 *A* 和矩阵 *B*：

$$A = \begin{bmatrix} 1 & 5 & 7 & 3 \\ 3 & 6 & 3 & 9 \\ 1 & 2 & 8 & 7 \\ 0 & 3 & 1 & 9 \\ 3 & 2 & 5 & 4 \end{bmatrix} \qquad B = \begin{bmatrix} 3 & 9 & 1 & 4 & 1 & 4 \\ 5 & 6 & 7 & 9 & 0 & 3 \\ 3 & 2 & 7 & 2 & 5 & 6 \\ 9 & 7 & 4 & 7 & 8 & 0 \end{bmatrix}$$

编程实现：$A \times B$。

程序代码如下：

```
public class MultiMatrix {
    double[][] multiplyMatrix;
    public static void main(String[] args)    {
        double[][] a={ {1, 5, 7, 3},
                       {3, 6, 3, 9},
                       {1, 2, 8, 7},
                       {0, 3, 1, 9},
                       {3, 2, 5, 4} };
        double[][] b={ {3, 9, 1, 4, 1, 4},
                       {5, 6, 7, 9, 0, 3},
                       {3, 2, 7, 2, 5, 6},
                       {9, 7, 4, 7, 8, 0} };
        MultiMatrix mm=new MultiMatrix();
        mm.mMatrix(a,b);
        mm.display();
    }
```

```java
public void mMatrix(double[][] a,double[][] b) {      //进行矩阵乘法运算
    multiplyMatrix=new double[a.length][b[0].length];
    for (int i = 0; i<a.length; i++)
    {
        for (int j = 0; j<b[0].length; j++)
        {
            for (int k = 0; k<a[0].length; k++)
            {
                multiplyMatrix[i][j]+=a[i][k]*b[k][j];
            }
        }
    }
}

public void display(){    //输出数组中的数据元素
    for (int i = 0; i<multiplyMatrix.length; i++)
    {
        for (int j = 0; j<multiplyMatrix[i].length; j++)
        {
            System.out.print (multiplyMatrix[i][j]+" ");
        }
        System.out.println ("");
    }
}
}
```

程序运行的结果为

76.0	74.0	97.0	84.0	60.0	61.0
129.0	132.0	102.0	135.0	90.0	48.0
100.0	86.0	99.0	87.0	97.0	58.0
99.0	83.0	64.0	92.0	77.0	15.0
70.0	77.0	68.0	68.0	60.0	48.0

5.3 特殊矩阵

【学习任务】 掌握对称矩阵、三角矩阵和对角矩阵的特性及压缩存储方法，了解它们在实现压缩存储过程中的联系。

在很多科学与工程计算问题中，常用到一些特殊矩阵。特殊矩阵是指非零元素或零元素的分布存在一定规律的矩阵。为了节省存储空间，特别是在高阶矩阵的情况下，可以对这种矩阵进行压缩存储。所谓的压缩存储是指多个相同的非零元素共享同一个存储单元，对零元素不分配存储空间。常见的特殊矩阵有对称矩阵、三角矩阵、对角矩阵等，它们都是行数和列数相同的方阵。

5.3.1　对称矩阵

在 n 阶方阵 A 中，若元素满足下述性质：

$$a_{ij}=a_{ji} \quad (0 \leqslant i,\ j \leqslant n-1)$$

则称 A 为 n 阶对称矩阵。例如：

$$A = \begin{bmatrix} 9 & 2 & 5 & 8 \\ 2 & 3 & 4 & 3 \\ 5 & 4 & 1 & 6 \\ 8 & 3 & 6 & 5 \end{bmatrix}$$

该矩阵就是一个 4 阶对称矩阵。对称矩阵中的元素关于主对角线对称，可以存储矩阵中上三角或下三角中的元素，让每两个对称的元素共享同一个存储空间，以完成对矩阵 A 的压缩存储。这样，可以将 n^2 个数据元素压缩存储到 $n(n+1)/2$ 个数据元素的空间中，能节约近一半的存储空间。不失一般性，以行为主序存储主对角线（包括对角线）以下的元素，按 a_{00}，a_{10}，a_{11}，…，$a_{n-1,0}$，$a_{n-1,1}$，…，$a_{n-1,n-1}$ 次序存放在一维数组 SA[0…$n(n+1)/2-1$]中。在 SA 中只存储对称矩阵的下三角元素 a_{ij}（$i \geqslant j$）。

元素 a_{ij} 的存放位置：a_{ij} 元素前有 i 行，即从第 0 行到第 $i-1$ 行，一共有：

$1+2+\cdots+i=i \times (i+1)/2$ 个元素。

在第 i 行上，a_{ij} 之前恰有 j 个元素，即 a_{i0}，a_{i1}，…，$a_{i,j-1}$，因此有：

$$a_{ij} = SA[i \times (i+1) / 2+j]$$

那么对于矩阵 A 中的任意一个数据元素 a_{ij}，必然与一维数组 SA_k 之间存在着如下对应关系：

$$k = \begin{cases} \dfrac{i \times (i+1)}{2}+j & (i \geqslant j,\ 0 \leqslant k < n \times (n+1)/2) \\ \dfrac{j \times (j+1)}{2}+i & (i < j,\ 0 \leqslant k < n \times (n+1)/2) \end{cases}$$

对于对称矩阵中的任意数据元素 a_{ij}，令 $i=\max(i,j)$，$j=\min(i,j)$，则 k 和 ij 的对应关系可统一为

$$k=i \times (i+1)/2+j \quad (0 \leqslant k < n \times (n+1)/2)$$

因此，对称矩阵的地址计算公式为

$$\begin{aligned} LOC(a_{ij}) &= LOC(SA[k]) \\ &= LOC(SA[0])+k \times L \\ &= LOC(SA[0])+[i \times (i+1)/2+j\,] \times L \end{aligned}$$

通过对称矩阵的地址计算公式，就能立即找到矩阵元素 a_{ij} 在一维数组 SA 中的对应位置 k。因此，这也是随机存取结构。如图 5.4 所示，对称矩阵压缩存储在一维数组 SA 中。

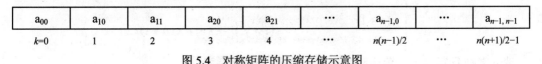

a_{00}	a_{10}	a_{11}	a_{20}	a_{21}	…	$a_{n-1,0}$	…	$a_{n-1,n-1}$
$k=0$	1	2	3	4	…	$n(n-1)/2$	…	$n(n+1)/2-1$

图 5.4　对称矩阵的压缩存储示意图

【例 5.5】 对于对称矩阵 A，数据元素 a_{21} 和 a_{12} 均存储在一维数组中的 SA[4]，这是因为：

$$k=i\times(i+1)/2+j=2\times(2+1)/2+1=4 \qquad (i=\max(i,j)=2，j=\min(i,j)=1)$$

5.3.2　三角矩阵

三角矩阵是指 n 阶矩阵中上三角（不包括对角线）或下三角（不包括对角线）中的元素均为常数 c 或为 0 的 n 阶方阵。以主对角线划分，三角矩阵有上三角矩阵和下三角矩阵两种。图 5.5（a）所示为上三角矩阵，其主对角线以下均为常数 c 或 0；图 5.5（b）所示为下三角矩阵，其主对角线以上均为常数 c 或 0。与对称矩阵一样，三角矩阵可以采取压缩存储。

$$\begin{bmatrix} a_{00} & a_{01} & \cdots & a_{0,n-1} \\ c & a_{11} & \cdots & a_{1,n-1} \\ \cdots & \cdots & & \cdots \\ c & c & \cdots & a_{n-1,n-1} \end{bmatrix} \qquad \begin{bmatrix} a_{00} & c & \cdots & c \\ a_{10} & a_{11} & \cdots & c \\ \cdots & \cdots & & \cdots \\ a_{n-1,0} & a_{n-1,1} & \cdots & a_{n-1,n-1} \end{bmatrix}$$

（a）上三角矩阵　　　　　　　　　　　　　　（b）下三角矩阵

图 5.5　三角矩阵

三角矩阵中重复的常数 c 或 0 可以共享同一个存储空间，其余的数据元素共有 $n\times(n+1)/2$ 个，因此，三角矩阵与对称矩阵一样可压缩存储在一维数组 SA[0..$n(n+1)/2$]中，其中常数 c 或 0 存放在最后一个内存单元中。这样，三角矩阵中的任意一个数据元素 a_{ij} 对应着一维数组 SA 中的元素 SA_k，它们的关系如下，其中 $SA_{n(n+1)/2}$ 存储着常数 c 或 0。

下三角矩阵：

$$k = \begin{cases} \dfrac{i(i+1)}{2}+j & (i\geqslant j, 0\leqslant k\leqslant n\times(n+1)/2) \\ \dfrac{n(n+1)}{2} & (i<j, 0\leqslant k\leqslant n\times(n+1)/2) \end{cases}$$

因此，当 $i\geqslant j$，元素 a_{ij} 的地址可以用如下公式计算：

LOC(a_{ij}) = LOC(SA[k])

　　　　 = LOC(SA[0])+$k\times L$

　　　　 = LOC(SA[0])+[$i\times(i+1)/2+j$]$\times L$

当 $i<j$ 时，元素 a_{ij} 的地址计算公式如下：

$$LOC(a_{ij}) = LOC(SA[0])+[n\times(n+1)/2]\times L$$

同理，上三角矩阵中 a_{ij} 的前面有 i 行，共存储了 $k=i\times(2n-i+1)/2+j-i$ 个元素，所以：

$$k = \begin{cases} \dfrac{i(2n-i+1)}{2}+j-i & (i\leqslant j, 0\leqslant k<n\times(n+1)/2) \\ \dfrac{n(n+1)}{2} & (i>j, 0\leqslant k<n\times(n+1)/2) \end{cases}$$

请读者自行写出上三角矩阵中元素 a_{ij} 的地址计算公式。

5.3.3 对角矩阵

在 n 阶矩阵 A 中，所有的非零元素都集中在以对角线为中心的带状区域中，则称 A 为 n 阶对角矩阵。实质上，除了主对角线和主对角线相邻两侧的若干条对角线上的元素之外，其余元素均为零或为常数 c。如图 5.6（a）所示，主对角线的两侧分别有 b 条次对角线，称 b 为矩阵的半带宽，$2b+1$ 为矩阵的带宽。对于半带宽为 b（$0 \leqslant b \leqslant (n-1)/2$）的对角矩阵，当 $|i-j| \leqslant b$ 时，元素的 a_{ij} 为非零元素，其余元素为零或为常数 c，即 $|i-j|>b$，则元素 $a_{ij}=0$。当 $b=1$ 时，为三对角矩阵，如图 5.6（b）所示。

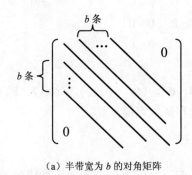

（a）半带宽为 b 的对角矩阵　　　　　　　（b）三对角矩阵

图 5.6　对角矩阵

对于三对角矩阵可按行为主序的方式，只将矩阵 A 中的非零元素压缩存储到一维数组 SA 中。矩阵 A 中的第 0 行和第 $n-1$ 行都只有两个非零元素，其余各行有 3 个非零元素。对于不在第 0 行的非零元素 a_{ij} 来说，它前面有 i 行元素，共 $2+3\times(i-1)$ 个元素；第 j 列前有 $j-(i-1)$ 个数据元素。矩阵 A 中的非零元素 a_{ij} 和一维数组 SA 中的元素 SA_k 之间就存在如下关系：

$$k=2+3\times(i-1)+j-(i-1)= 2i+j \qquad (|i-j| \leqslant 1)$$

例如，$A[2][3]$ 对应于数据元素 $SA[7]$，这是因为 $k=2 \times i+j=2 \times 2+3=7$；$A[2][4]=0$，这是因为 $|i-j|=|2-4|>1$。

对于上述特殊矩阵，其非零元素的分布都有着明显的规律。然而，在实际应用中还会遇到非零元素较少，且分布没有规律的矩阵，这就是将要介绍的稀疏矩阵。

5.4　稀疏矩阵

【学习任务】 理解稀疏矩阵的概念，掌握稀疏矩阵的三元组顺序存储结构、了解链式存储结构及相关算法的思想。

在一个阶数较大的 $m \times n$ 矩阵中，设有 s 个非零元素，如果 $s \ll m \times n$ 时，则称该矩阵为稀疏矩阵（Sparse Matrix）。准确地讲，在矩阵 A 中，有 s 个非零元素。令 $e=s/(m \times n)$，称 e 为矩阵的稀疏因子。通常在 $e \leqslant 0.05$ 时，称矩阵 A 为稀疏矩阵。

下面介绍稀疏矩阵的压缩存储。

为了节省存储单元，可只存储非零元素，压缩零元素的存储空间。由于非零元素的分布一般是没有规律的，因此，在存储非零元素的同时，还必须存储非零元素所在的行号、列号，才能唯一确定非零元素是矩阵中的哪一个元素。这样每个非零元素都需要一个三元组（i, j, a_{ij}）唯一表示，稀疏矩阵中的所有非零元素构成了三元组线性表。稀疏矩阵的压缩存储失去随机存取特性。

例如，有稀疏矩阵 A：

$$A_{6\times7} = \begin{bmatrix} 0 & 0 & 15 & 0 & 0 & 0 & 0 \\ 0 & 1 & 0 & 0 & 0 & 0 & 0 \\ 0 & 0 & 0 & 5 & 0 & 0 & 0 \\ 0 & 0 & 0 & 0 & 0 & 0 & 0 \\ 0 & 0 & 0 & 6 & 0 & 0 & 0 \\ 0 & 0 & 0 & 0 & 22 & 0 & 8 \end{bmatrix}$$

用三元组表示为

((1, 3, 15), (2, 2, 1), (3, 4, 5), (5, 4, 6), (6, 5, 22), (6, 7, 8))

稀疏矩阵压缩存储方法有两类：顺序存储结构和链式存储结构。

1. 三元组的顺序存储结构

三元组的顺序存储结构是稀疏矩阵的非零元素的三元组按行优先（或列优先）的顺序存储在线性表中，线性表中的每个数据元素都对应稀疏矩阵的一个三元组，例如，上述稀疏矩阵 A 的顺序存储结构如表 5.1 所示。

表 5.1 稀疏矩阵三元组的顺序存储结构

数组的下标	i（行下标）	j（列下标）	value
0	1	3	15
1	2	2	1
2	3	4	5
3	5	4	6
4	6	5	22
5	6	7	8

声明顺序存储结构的稀疏矩阵类，首先声明一个稀疏矩阵的三元组类 SparseNodeOrder 如下：

```java
public class SparseNodeOrder{        //稀疏矩阵的三元组表示的结点结构
    public int row;                  //行下标
    public int column;               //列下标
    public int value;                //数值

    public SparseNodeOrder(int i,int j,int k){
        row=i;
        column=j;
```

```
            value=k;
        }

    public SparseNodeOrder(){
        this(0,0,0);
    }

    public void output(){                //输出三元组值
        System.out.println("\t"+row+"\t"+column+"\t"+value);
    }

}
```

SparseNodeOrder 类的一个对象表示一个三元组,该对象记录了稀疏矩阵中的每一个非零元素的行下标、列下标和值。

```
public class SparseOrder{                    //稀疏矩阵的三元组顺序存储结构
protected SparseNodeOrder array1[];          //声明数组,元素为三元组
public SparseOrder(int matrix1[][]){         //建立三元组表示
    System.out.println("稀疏矩阵为: ");
    int m=matrix1.length;
    array1=new SparseNodeOrder[m*2];
    int i,j,k=0;
    for(i=0;i<matrix1.length;i++){
        for(j=0;j<matrix1[i].length;j++)
        {
            System.out.print(" "+matrix1[i][j]);
            if(matrix1[i][j]!=0) {
                //matrix1[i][j]是矩阵中第 i+1 行、第 j+1 列的数据元素
                array1[k]=new SparseNodeOrder(i+1,j+1,matrix1[i][j]);
                k++;
            }
        }
        System.out.println();
    }
}
public void output()                        //输出一个稀疏矩阵中所有元素的三元组值
{
    int i,j;
    System.out.println("稀疏矩阵三元组的顺序表示: ");
    System.out.println("\t 行下标\t 列下标\t 数值");
    for(i=0;i<array1.length;i++){
        if(array1[i]!=null)
            array1[i].output(); //调用 SparseNodeOrder 类方法输出三元组值
    }
}
}
```

Java 数组的下标是从 0 开始的，本例题将二维数组 matrix1[i][j]中的下标转换成从 1 开始。SparseNodeOrder 类中的 output()方法是输出一个矩阵元素的三元组值；而 SparseOrder 类中的 output()方法是输出稀疏矩阵中所有元素的三元组的值。

【例 5.6】 稀疏矩阵三元组的顺序存储结构。

下面程序调用 Sparse1 类创建一个对象 sp1，来实现稀疏矩阵三元组的顺序存储结构。

```java
public class SparseMatrixEx {
    public static void main(String[] args){                    //稀疏矩阵
        int[][]matrix1={{0 ,0 ,0 ,0 ,0, 0, 0},
                        {0, 3, 0, 0, 0, 0, 0},
                        {0 ,0 ,0 ,0 ,0, 0, 0},
                        {1 ,4 ,0 ,0 ,0, 0, 0},
                        {0 ,0 ,7 ,0 ,0, 0, 0},
                        {0 ,0 ,0 ,0 ,0, 5, 0},
                        {0 ,0 ,0 ,0 ,0, 0, 0},
                        {0 ,0 ,0 ,0 ,0, 0, 0},
                        {0 ,0 ,0 ,0 ,0, 0, 0} };
        SparseOrder sp1=new SparseOrder(matrix1);              //一个对象表示一个稀疏矩阵
        sp1.output();
    }
}
```

程序运行的结果为

稀疏矩阵为：

0 0 0 0 0 0 0

0 3 0 0 0 0 0

0 0 0 0 0 0 0

1 4 0 0 0 0 0

0 0 7 0 0 0 0

0 0 0 0 0 5 0

0 0 0 0 0 0 0

0 0 0 0 0 0 0

0 0 0 0 0 0 0

稀疏矩阵三元组的顺序表示：

行下标	列下标	数值
2	2	3
4	1	1
4	2	4
5	3	7
6	6	5

顺序存储结构的稀疏矩阵虽然可以节省存储空间，比较容易实现，但还存在不足：一是数组的长度不易设定，可能存在浪费存储空间和溢出的问题；二是插入、删除操作不方便，当元素的值在零元素和非零元素之间转换时，都必须移动元素。为此引入了链式存储结构的

稀疏矩阵三元组表示,来解决上述缺点。常用的链式存储结构有十字链表。

2. 三元组的链式存储结构

十字链表为稀疏矩阵的每行设置一个单独链表,同时也为每列设置一个单独链表。这样稀疏矩阵的每个非零元素同时包含在两个链表中,即每个非零元素同时包含在所在行的行链表中和所在列的列链表中。这样,就大大降低了链表的长度,方便了算法中行方向和列方向的搜索,大大降低了算法的时间复杂度。

对于 $m \times n$ 的稀疏矩阵 A,每个非零元素用一个结点表示,结点的结构如图 5.7 所示。每个结点有 5 个成员:row、col 和 value 分别代表行号、列号和相应元素的值,down 和 right 分别代表列后继引用和行后继引用,分别用来链接同列和同行中的下一个非零元素结点。也就是说,稀疏矩阵中同一列的所有非零元素都通过 down 链接成一个列链表,同一行的所有非零元素都

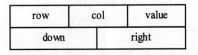

图 5.7 十字链表结点结构

通过 right 链接成一个行链表。每个非零元素好像一个十字路口,故称十字链表。

例如,对于稀疏矩阵 A:

$$A = \begin{bmatrix} 3 & 0 & 0 & 1 & 0 \\ 0 & 0 & 5 & 0 & 0 \\ 2 & 0 & 0 & 0 & 0 \\ 0 & 0 & 8 & 0 & 6 \end{bmatrix}$$

它的十字链表表示形式如图 5.8 所示。

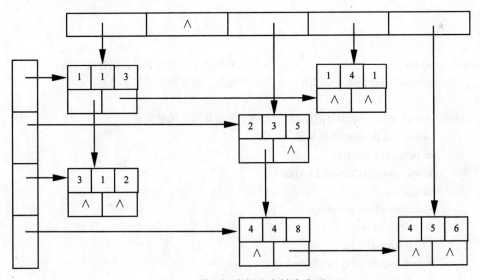

图 5.8 稀疏矩阵的十字链表表示

使用十字链表表示,各行的非零元素和各列的非零元素都分别联系在一起,最多有 $m+n$ 条链。对元素的查找可顺着所在行的行链表进行,也可以顺着所在列的列链表进行。查找一个元素的最大时间为 $O(s)$,其中 s 为某行或某列上非零元素的个数。

【例 5.7】 稀疏矩阵十字链表存储结构。

下面以行链表为例，说明稀疏矩阵的十字链表存储结构。

```java
//稀疏矩阵的十字链表表示，继承 SparseNodeOrder 类
class SparseNodeLink extends SparseNodeOrder{
    public SparseNodeLink down;           //列后继结点引用
    public SparseNodeLink right;          //行后继结点引用

    public SparseNodeLink(int i,int j,int k){
        super(i,j,k);
        down=null;
        right=null;
    }

    public SparseNodeLink()       {
        this(0,0,0);
    }

    public void output(SparseNodeLink p) {               //输出链表的所有结点的值
        if(p!=null) {                                    //递归算法，必须包含参数
            System.out.print(" "+p.row+" "+p.column+" "+p.value+"->");
            output(p.right);
        }
        else
            System.out.println("null");
    }
}

class SparseLink{                         //稀疏矩阵的十字链表表示，以行链表表示
    protected SparseNodeLink array2[];    //声明数组，引用链表的第 1 个结点

    public SparseLink(int matrix2[][]){   //建立稀疏矩阵行的链表表示
        System.out.println("稀疏矩阵为：");
        int m=matrix2.length;
        array2=new SparseNodeLink[m+1];
        int i,j,k=0;
        SparseNodeLink p=null,q;
        for(i=0;i<m;i++){
            p=array2[i+1];
        for(j=0;j<matrix2[i].length;j++)    {
            System.out.print(" "+matrix2[i][j]);
            if(matrix2[i][j]!=0){
            q=new SparseNodeLink(i+1,j+1,matrix2[i][j]);
            if(p==null)
                array2[i+1]=q;
```

```
                else
                        p.right=q;
                p=q;
                }
        }
        System.out.println();
    }
}

public void output(){      //输出一个稀疏矩阵，以行链表表示输出
    int i,j;
        System.out.println("稀疏矩阵十字链表行链表表示：");
        for(i=1;i<array2.length;i++){
            if(array2[i]!=null)
                array2[i].output(array2[i]); //输出行链表中的所有结点的值
            else
                System.out.println("null");
        }
    }
}

class SparseMatrixLink{
    public static void main(String args[]){          //稀疏矩阵
    int[][]matrix2={{0 ,0 ,0 ,0 ,0, 0, 0},
                {0, 3, 0, 0, 0, 0, 0},
                {0 ,0 ,0 ,0 ,0, 0, 0},
                {1 ,4 ,0 ,0 ,0, 0, 0},
                {0 ,0 ,7 ,0 ,0, 0, 0},
                {0 ,0 ,0 ,0 ,0, 5, 0},
                {0 ,0 ,0 ,0 ,0, 0, 0},
                {0 ,0 ,0 ,0 ,0, 0, 0},
                {0 ,0 ,0 ,0 ,0, 0, 0} };
        SparseLink sp2=new SparseLink(matrix2);           //一个对象表示一个稀疏矩阵
        sp2.output();
    }
}
```

程序运行的结果为
稀疏矩阵为：
0 0 0 0 0 0 0
0 3 0 0 0 0 0
0 0 0 0 0 0 0
1 4 0 0 0 0 0
0 0 7 0 0 0 0

```
0000050
0000000
0000000
0000000
稀疏矩阵十字链表行链表表示：
null
 2 2 3->null
null
4 1 1-> 4 2 4->null
5 3 7->null
6 6 5->null
null
null
null
```

SparseLink 类实现稀疏矩阵的十字链表行链表表示，成员 array2 是一个数组，元素的类型为 SparseNodeLink 类。SparseNodeLink 类的一个对象表示链表的一个结点，对应稀疏矩阵中的一个非零元素。构造方法是将一个稀疏矩阵转换成行链表，output()方法输出链表中的全部结点的值。

稀疏矩阵的十字链表的优点是结构灵活，且便于使用。

*5.5 广义表

【学习任务】 理解广义表的概念及其特性，了解广义表的表示及广义表的长度和深度计算。

5.5.1 广义表的概念

1. 广义表的定义

广义表是线性表的推广。广义表是 n（$n \geqslant 0$）个元素构成的一个序列，则广义表的一般表示与线性表相同：

$$LS=(a_1,a_2,a_3,\cdots,a_i,\cdots,a_n)$$

其中，LS 为广义表$(a_1,a_2,a_3,\cdots,a_i,\cdots,a_n)$的名称，$n$ 表示广义表的长度，即广义表包含元素的个数；当 n=0 时，则称为空表。如果 a_i 是单个元素，则 a_i 是广义表 LS 的原子；如果 a_i 是广义表，则 a_i 是广义表 LS 的子表。为了区分原子和表，规定用小写字母表示原子，用大写字母表示广义表的表名。广义表的深度是指表中所含括号的层数。注意，原子的深度为 0。例如：

A=(a,b)　　　　　　　　　　　//线性表，长度为 2，深度为 1
B=(c,A)=(c,(a,b))　　　　　　//A 为 B 的子表，B 的长度位 2，深度为 2
C=(d,A,B)=(d,(a,b),(c,(a,b)))　//A、B 为 C 的子表，C 的长度为 3，深度为 3
D=()　　　　　　　　　　　　//空表，长度为 0，深度为 1
D1=(D)=(())　　　　　　　　　//非空表，元素是一个空表，长度为 1，深度为 2
E=(f,E)=(f,(f,(f,(…))))　　　　//递归表，E 的长度为 2，深度是无穷值

如果把每个表的名字（若有的话）写在其表的前面，则上面的 6 个广义表可相应表示如下：

A(a,b)
B(c,A(a,b))
C(d,A(a,b),B(c,A(a,b)))
D()
D1(())
E(f,E(f,E(f,E(…))))

若用圆圈和方框分别表示表和单元素，并用线段把表和它们的元素（元素节点应在其表节点的下方）连接起来，则可得到一个广义表的图形表示。例如，上面 A、B、C、D 和 E 5个广义表的图形表示如图 5.9 所示。

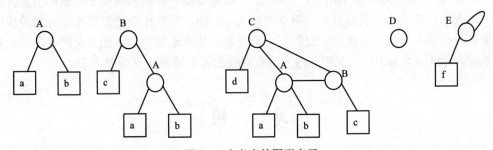

图 5.9　广义表的图形表示

从图 5.9 可以看出：广义表的图形表示像倒挂着的一棵树，树根节点代表整个广义表，各层树枝节点代表相应的子表，树叶节点代表单个元素或空表。

2. 广义表的特性

① 广义表是一种线性结构。广义表的数据元素之间有着固定的相对次序，如同线性表。但广义表并不等价于线性表，仅当广义表的数据元素全部是原子时，该广义表为线性表。广义表是线性表的扩展，而线性表是广义表的特例。例如，广义表 A(a,b)就是线性表。

② 广义表也是一种多层次的结构。当广义表的数据元素中包含子表时，该广义表就是一种多层次的结构。

③ 广义表可为其他广义表共享。当一个广义表可以为其他广义表共享时，共享的广义表称为再入表。在应用问题中，利用广义表的共享特性可以减少存储结构中的数据冗余，以节约存储空间。

④ 广义表可以是一个递归表。

⑤ 任何一个非空广义表 LS 均可分解为表头 head(LS)=a_1 和表尾 tail(LS)=$(a_2,a_3,\cdots,a_n)$两部分。显然，一个广义表的表尾始终是一个广义表。空表无表头表尾。上面 A、B、C、D 和 E

5 个广义表可以表示为

    head(A)=a，tail(A)=b

    head(B)=c，tail(B)=(A)=((a,b))

    head(C)=d，tail(C)=(A,B)=((a,b),(c,(a,b)))

    D 无表头表尾

    head(E)=f，tail(E)=E

5.5.2　广义表的存储结构

广义表是一种递归的数据结构，很难为每个广义表分配固定大小的存储空间，所以广义表的存储结构采用动态链式存储结构。

在一个广义表中，其数据元素有原子和子表之分，其存储结点也有原子和子表之分。为了使子表和原子两类结点既能在形式上保持一致，又能进行区别，可以采用如下结构形式：

atom	sublist/data	next

其中，atom 是一个标志位，表示该数据元素是否为原子。sublist 或 data 域由 atom 决定。如果 atom=0，表示该结点为原子结点，则第 2 个域为 data，存放相应原子元素的信息；如果 atom=1，表示该结点为子表结点，则第 2 个域为 sublist，存放相应子表第 1 个元素对应结点的地址。next 域存放与本元素同一层的下一个元素的结点地址，当本元素是所在层的最后一个元素时，next 域为 null。关于相关内容，有兴趣的读者请参阅其他参考书。

习　题

一、简答题

1. 什么是数组，试举例说明如何访问数组中的任何一个元素。

2. 为什么说数组是线性表的扩展？

3. 什么是对称矩阵，什么是上三角矩阵，什么是对角矩阵？特殊矩阵的压缩存储方法的共同点是什么？

4. 什么是稀疏矩阵，其特点有哪些？

5. 什么是广义表，它有哪些特性？

6. 设有 n 阶三对角矩阵 A，除主对角线以及与主对角线相邻的两条对角线以外的元素全为 0，将其三条对角线上的元素逐行存储于数组 B[1⋯3n−2]中，使得 B[k]=a$_{ij}$，求用 i、j 表示 k 的下标变换公式。

7. 对于如下所示的稀疏矩阵 A：

$$A_{4 \times 5} = \begin{bmatrix} 0 & 0 & 8 & 0 & 0 \\ 0 & 0 & 0 & 9 & 0 \\ 0 & 0 & 0 & 0 & 0 \\ 3 & 0 & 0 & 0 & 15 \end{bmatrix}$$

（1）写出稀疏矩阵 A 的三元组表示；

（2）画出稀疏矩阵 A 的三元组的顺序存储结构；

（3）画出稀疏矩阵 A 的十字链表存储结构。

二、选择题

1. 设 A 为 10 阶对称矩阵，采用压缩存储方式，以行为主序存储，a_{11} 为第一元素，其存储地址为 1，每个元素占一个地址空间，则 a_{85} 的地址为（　　）。

　　A. 13　　　　　　　　　　　　B. 33

　　C. 18　　　　　　　　　　　　D. 40

2. 对稀疏矩阵进行压缩存储的目的是（　　）。

　　A. 便于进行矩阵运算　　　　　B. 便于输入和输出

　　C. 节省存储空间　　　　　　　D. 降低运算的时间复杂度

3. 下面说法不正确的是（　　）。

　　A. 广义表的表头总是一个广义表　　B. 广义表的表尾总是一个广义表

　　C. 广义表不能用顺序存储结构　　　D. 广义表可以是一个多层次的结构

三、实验题

1. 编写程序，对如下矩阵 A，求矩阵的主对角线上的数据元素之和。

$$A = \begin{bmatrix} 9 & 2 & 5 & 9 \\ 2 & 0 & 3 & 7 \\ 15 & 4 & 5 & 6 \\ 8 & 3 & 12 & 5 \end{bmatrix}$$

2. 设有如下矩阵 A 和矩阵 B，编写程序实现 $A+B$。

$$A = \begin{bmatrix} 1 & 5 & 7 & 3 \\ 3 & 6 & 3 & 9 \\ 1 & 2 & 8 & 7 \\ 0 & 3 & 1 & 9 \\ 3 & 2 & 5 & 4 \end{bmatrix} \qquad B = \begin{bmatrix} 3 & 9 & 1 & 4 \\ 5 & 6 & 7 & 9 \\ 3 & 2 & 7 & 2 \\ 9 & 3 & 1 & 5 \\ 1 & 8 & 0 & 8 \end{bmatrix}$$

四、思考题

1. 请思考数组、线性表和顺序存储结构三者之间的联系。

2. 如何提高稀疏矩阵转置算法的实现效率？

第 6 章　串

【内容简介】

　　本章重点讨论串的有关概念，串的存储方法，串在 Java 语言描述下的基本运算及各种运算的实现方法。串是由字符元素构成的特殊线性表，计算机在处理非数值元素运算时经常遇到。字符串中的元素不但可单独处理，还可作为一个整体进行处理。串的应用非常广泛，例如在信息管理、查询等系统中会大量应用串内容。

【知识要点】

　　✧　串的基本概念；

　　✧　串的顺序存储、链式存储及特点；

　　✧　Java 语言中串的基本操作及实现。

【教学提示】

　　本章共设 4 学时，理论 2 学时，实验 2 学时，重点讲解串的相关概念、存储方法及应用。在学习中应重点掌握 Java 语言中串的存储与其他语言中的存储的不同之处，串的运算，以及如何通过 Java 语言中提供的 API 来进行基本的串运算。串的复杂算法实现可作为选学内容。

6.1　实例引入

　　【学习任务】　通过实例引入，了解串的结构及组成特点。

　　【例 6.1】　打字游戏的软件。

　　打字游戏是初学计算机的用户经常使用的指法练习软件，图 6.1 所示为一个常见的打字游戏针对单词练习的界面，当用户正确输入字符串表示的单词时，青蛙就可跳到相应的位置，青蛙可通过某一系列位置跳到河岸对面。在这个游戏中，界面上布满了单词，每个单词都是由一个字符序列，即字符串构成的。

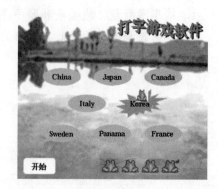

图 6.1　打字游戏中字符串的应用示意图

　　字符串在计算机软件开发中是常用的数据类型之一，在 Windows 操作系统、应用软件、菜单、按钮和标签等选项中能有文字显示，这都是字符串的应用。由此可见，字符串的应用非常广泛。

6.2 串的概述

【学习任务】 掌握串的基本概念，了解 Java 语言中对串的描述和其他语言中的描述的不同之处。

串，又被称做字符串，它是一种特殊的线性表，其包含的每个结点都是由单一字符组成的。在面向对象程序设计语言出现前，串是以指针或者数组的形式存储的，随着计算机的发展，面向对象程序设计语言的出现，串也可以以固有的对象方式出现，并参与各种形式的运算。

一个串是由零个或多个字符组成的有限字符序列，通常一个串被记做：

$$str= "a_1a_2\cdots a_n " \quad (n\geqslant 0)$$

其中，str 是串对象名，双引号是串的标志，括起来的字符序列就是串值。

串中的元素 a_i（$0\leqslant i\leqslant n$）可以是字母、数字或其他有效字符，被称做串的元素，是构成串的基本单元，i 是每个串元素在串中的索引位置。在 Java 语言中，串的索引位置下界为 0，上界是串中的字符个数减去 1（即 $n-1$）。n 是串的长度，即串中包含有效字符的个数。当 $n=0$ 时，串不包含任何字符，被称做空串；空格串是指包含一个或多个空格字符的串，其长度 $n\geqslant 1$。需要注意的是，空串和空格串不同。

在 Java 语言中，串没有被初始化时，被赋予 null 值，null 表示该串在内存中没有占用任何内存单元。当一个串被赋予 null 值时，该串对象不能访问串类的任何成员；在进行串的比较时，如果两个串相等，当且仅当这两个串的值相等（即两个串所包含的字符个数相同且对应位置上的字符也相等），这说明串在比较时，其过程为按照索引位置对每个元素（即字符）进行一一对应比较。

【例 6.2】 较串"tong"和"too"。

串比较时，其索引值从 0 开始，即第一个字符索引位置为 0，后面依次为 1，2，…，n。其比较过程如图 6.2 所示。

在串中，任意一个连续字符组成的子序列称为该串的子串。包含子串的串相应地被称为主串。通常将子串在主串中首次出现时，对应主串第一个元素的索引位置，称为该子串在主串中的索引位置，其索引值是子串的第一个字符在主串中的索引位置。

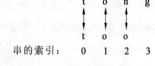

图 6.2 串的比较

【例 6.3】 有 S1 和 S2 两个串，分别为

S1= "This is a string"
S2= "is"

通过判断可知，S2 是 S1 的子串，且 S2 在 S1 中出现了两次。其中首次出现对应的主串索引位置是 2，因此，称 S2 在 S1 中的索引位置是 2。

根据定义，有如下规定：

空串是任意串的子串，空串在主串中第一次出现时的索引值为 0；
任意串是其自身的子串，在主串中第一次出现时的索引值为 0。

字符串可以分为常量和变量。在 Java 语言中，串是通过 java.lang.String 类来实现的，它是一个 Java API 类。串变量仅仅是该类的一个实例化对象。在 Java 语言中，定义串变量如下：

    String   S1= "This is a String. ";
    String   S2= "Java Programming Language ";

在 Java 语言中，串的常量是由双引号括起来的字符序列。例如，"string 123 "，"This is a string"，"twksoft.com"等都是字符串常量。

6.3　串的顺序存储结构

【学习任务】　理解串的顺序存储结构，掌握运用 Java 语言实现串的各种操作运算。

串的存储结构分为顺序存储和链式存储，Java 语言中对于字符串的处理是通过 String 类或者 StringBuffer 类来完成的，这两个类对串的存储实际是通过字符数组顺序存储实现的。串的链式存储结构采用单向链表表示，每个结点的值可以是一个字符，也可以是多个字符。

串的顺序存储结构，就是在内存中用一段连续的存储单元存储字符序列，如图 6.3 所示，因此可通过数组实现，而在 Java 语言中常用的串存储结构就是顺序存储结构。

J	a	v	a

图 6.3　串的顺序存储

根据串的操作，可将串分为静态字符串和动态字符串两种。静态字符串是指对串的操作不能进行插入、删除等改变串结构的操作，只能进行查询、求其长度等不改变串结构的操作。动态字符串是指对串进行操作时，可以对数据元素进行插入、删除等改变串结构的操作。

在 Java 语言中，串是通过 Java API 中的两个类来实现的，这两个类分别是包含在默认包中的 java.lang.String 类和 java.lang.StringBuffer 类。这两个类对串的存储方式本质是相同的，都采用了字符数组方式进行存储，即按照顺序结构来存储字符串。但这两个类在功能上略有不同，java.lang.String 类对应的是静态字符串，java.lang.StringBuffer 类对应的是动态字符串，具有同步安全机制，并且这两个类都属于最终类，即不能有子类。由于 java.lang 包是 Java 语言中唯一一个无需导入的包，因此，可以直接在程序中使用 java.lang.String 类和 java.lang.StringBuffer 类来处理串。

6.3.1　通过 String 类处理串

在 Java 语言中，java.lang.String 类是 Java API 提供的一个最为常用的基本字符串处理类，该类提供了非常丰富的串处理方法。

1．构造字符串
① 直接赋值方式。

```
String str="Hello Java";                //直接赋值方式
String str1=new String("Hello Java");   //通过常量字符串构造一个新的字符串对象
String str2=new String();               //构建一个空串，不是 null
```

② 利用字符串数组或字符数组构造字符串方式。按照字符串数组以及字符数组构造一个字符串对象分别如下。

利用字符串数组构造一个新的字符串对象：

byte[] b = "Hello Java".getBytes();
String strb = new String(b);

利用字符数组构造一个字符串对象：

char[] c = new char[]{'H', 'e', 'l' , 'l' , 'o' , ' ' , 'J' , 'a' , 'v' , 'a'};
String strch = new String(c);

2.　获取指定索引位置处的字符

方法：public char charAt(int　index)

功能：返回索引 index 处的字符，当指定参数不在字符串索引值范围内时，显示 IndexOutOfBoundsException 异常。

【例 6.4】 取字符串 "Hello Java" 索引位置为 6 的字符。

String s="Hello Java";

int iLocation=s.charAt(6);

程序运行后的 iLocation 值为'J'。

3.　比较两个字符串的大小

方法：public int compareTo（string　anotherString）

功能：比较两个字符串的大小，当前面的字符串 string 比后面的字符串 anotherString 小时，返回负数值，其中，数值为第一个不相同字符的 ASCII 值的差；当前面的字符串 string 与后面的字符串 anotherString 相同时，返回 0；当前面的字符串 string 比后面的字符串 anotherString 大时，返回正数值，其中，数值为第一个不相同字符的 ASCII 值的差。

【例 6.5】 比较字符串 "too" 和字符串 "two" 。

String s1="too";
String s2="two";
int icomp = s1.compareTo(s2);

程序运行的结果为

icomp=-8

因为：'o'-'w'=-8。

4.　连接两个字符串

方法：public String concat(String str)

功能：连接两个字符串，组合成一个新的串，参数 str 串被连接到当前字符串后面，返回值为当前字符串和参数字符串连接后的结果。

【例 6.6】 连接字符串 "to", "get", "her" 。

String s1="to";
String s2="get";
String s3="her";

```
String s=s1.concat(s2).concat(s3)
```

程序运行后 s 的内容为

s="together"

说明：在 Java 语言中只有唯一的一个重载运算符号，那就是连接字符串的 "+" 运算符，这个运算符运算的结果和 cancat(String str)方法相同。

【例 6.7】 通过 "+"运算符来连接字符串 "to"，"get"，"her" 。

```
String s1="to";
String s2="get";
String s3="her";
String s=s1 + s2 + s3;
```

程序运行后 s 的内容为

s="together"

5. 获取字符串的长度

方法：public int length()

功能：返回字符串中包含字符的个数。

【例 6.8】 获取字符串 "This is Java" 的长度。

```
String s="This is Java";
int iLen = s.length();
```

程序运行的结果为

iLen = 12

6. 求某字符串的子串

方法：public String substring(int beginIndex)

　　　 public String substring(int beginIndex,int endIndex)

功能：beginIndex 是字符串子串的开始字符的索引，endIndex 是结束字符的索引，且子串中不包含 endIndex 索引处的字符，但包含 beginIndex 处的字符，通过该方法得到的子串长度等于 endIndex−beginIndex；若只提供 beginIndex 参数，子串长度等于当前串对象长度减去 beginIndex；若 beginIndex、endIndex 超出字符串索引范围或者 beginIndex 大于 endIndex 时，显示 IndexOutOfBoundsException 异常。

6.3.2　通过 StringBuffer 类处理串

在 Java 语言中，除了通过 java.lang.String 类处理字符串外，还可通过另一个常用的 java.lang.StringBuffer 类来实现，该类也是用字符数组来存储的。其功能主要是为了实现对可变字符串的处理，使得字符串可以进行插入、删除等操作。该类的应用和 String 类类似，但在构造字符串时不同，该类不能直接通过赋值构建类对象，必须通过构造方法来构建类的对象。下面是通过构造方法来构建两个 StringBuffer 类的对象：

```
StringBuffer sb=new StringBuffer();               //构造一个字符串 sb，包含 0 个字符
StringBuffer sb=new StringBuffer("Hello Java");   //构造一个有初始化值的字符串 sb
```

该类也提供了非常丰富的方法来处理字符串，如下所述。

1. 追加其他类型的数据到字符串末尾

方法：public StringBuffer append(boolean b)

功能：该方法的实现应根据不同的版本，选择参数的数据类型，例如 boolean、char、int、float、double、String 等，并返回一个 StringBuffer 类对象的引用，它除包含原 StringBuffer 类对象所包含的字符外，还包含参数的字符串形式。

【例 6.9】　通过 StringBuffer 类连接两个字符串。字符串如下：

```
String s1="This is a String";
String s2="Buffer";
StringBuffer sb1=new StringBuffer(s1);
s1.append(s2);
```

程序运行的结果为

s1 将会包含字符串："This is a StringBuffer"。

2. 向当前字符串中插入一个数据

方法：public StringBuffer insert(int offset,double d)

功能：该方法也具有非常多的形式，其中第一个参数是将要插入数据的位置，第二个参数是要插入的数据。插入数据的类型可以是 double、float、int、boolean、char、String 等，返回一个 StringBuffer 类对象的引用，包含了原来 StringBuffer 所包含的所有字符，并且包含了被插入数据的字符串形式。如果 offset 值超出了 StringBuffer 对象字符个数的范围，则显示字符串索引超出边界的异常：StringIndexOutOfBoundsException。

【例 6.10】　将下面的字符串 s2 插入 s1 中的适当位置，使得结果字符串形式如下："This is Java"。

```
String s1="This Java";
String s2="is";
StringBuffer sb=new StringBuffer(s1);
sb.insert(5, s2);
```

程序运行的结果为

sb 中包含字符串是：This is Java。

3. 删除字符串

方法：public StringBuffer delete(int start, int end)

功能：删除从 start 位置开始到 end 位置结束的字符串，但不会删除 end 处的字符。

4. 删除单个字符

方法：public StringBuffer deleteCharAt(int index)

功能：删除指定位置的单个字符。

另外，在 StringBuffer 类中还包含了有关字符串的其他操作方法，例如求字符串长度的 length()方法等，其操作方法和在 java.lang.String 类中的操作相似，这里不再赘述，详细内容请参考 Java API Document 的相关描述。

6.4 串的链式存储结构

【学习任务】 掌握串的链式存储结构，重点掌握使用 Java 对象实现指针操作的方法和思想。

在 C/C++等高级语言中，链式存储串的描述是依赖指针完成的，地址就是指针，指针就是地址变量，是存储内存地址的变量，而在 Java 语言中没有指针概念，但是 Java 语言中具有类对象，可通过它来实现操作，Java 语言中的对象是类的实例化，对象名称代表了对象在内存中的首地址，即对象名实际上是一个常量指针，就像数组名一样。因此在 Java 语言中可以通过类对象引用来实现串的链式存储。

6.4.1 链串的实现

串的链式存储结构，也称链串。每个数据元素用一个结点表示，每个结点包括两个区域，其中一个区域表示数据本身，另一个区域表示下一个结点的位置，将这些结点连成一个串就构成了链串，如图 6.4 所示。

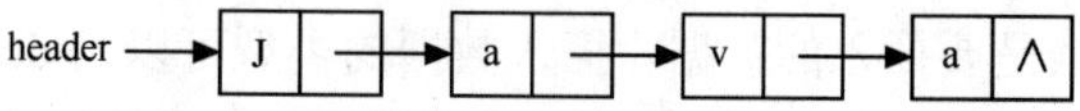

在 Java 语言中，对象是类的实例化，对象名代表了对象在内存中的首地址，属

图 6.4 链串示意图

于常量指针。为了实现链串，需要定义一个链式结点，这里通过 LinkNode 类来实现链串中结点的定义，该类的定义如下：

```java
public class LinkNode {
    private char data;                      //结点数据
    private LinkNode next;                  //下一个结点
    public LinkNode(){
        next = null;
    }
    public void setData (char cdata){       //cdata 是将要存储在当前结点的字符数据
        data = cdata;
    }
    public char getData(){                  //返回当前结点的字符数据
        return data;
    }
    public void setNext(LinkNode node){     //为当前结点指定下一个链接结点
        next = node;
    }
    public LinkNode getNext(){              //返回下一个被链接的结点
        return next;
    }
}
```

对于一个链串，用单向链表即可表示，链头可以唯一确定该链，因此只要找到链头就可以找到链中所有的其他结点，例如，图 6.4 就定义了一个字符串"Java"的链串。

💡 注意
在最后一个结点上，因为没有后续结点，因此结点的 next 为 null，用符号 "^" 来表示。

6.4.2 链串基本算法

在顺序串中，Java API 提供了丰富的运算方法来实现顺序串的各种运算。对于链式存储串来说，Java API 并没有提供运算方法，因此需要自定义一个类来完成链串的各种操作运算，下面定义 OperatorLink 类，包含链串的各种操作运算：

```java
public class OperatorLink {
    private LinkNode head;        //链串的头结点
    private int count;            //结点个数
    public OperatorLink(){        //构造方法
        count = 0;
        head = null;
    }
    public OperatorLink(String str) {   //通过字符串类，建立链串
        for(int i = 0; i < str.length(); i ++){
            head = addNode(str.charAt(i));
        }
        count = str.length();
    }
    public OperatorLink(char[] c){ //通过字符数组建立链串，c 是将要建立链串的字符数组
        for(int i = 0; i < c.length; i ++){
            head = addNode(c[i]);
        }
        count = c.length;
    }
    public LinkNode last(){       //得到最后一个结点
    LinkNode ln = head;
    while(ln.getNext() != null){
            ln = ln.getNext();
    }
        return ln;
    }

    public LinkNode addNode(char c) {  //向当前链串中增加一个结点，c 是结点数据
        //增加了结点后，返回头结点对象
        if(head == null){
            head = new LinkNode();
            head.setData(c);
        }
```

```
        else{
            LinkNode node = new LinkNode();
            node.setData(c);
            last().setNext(node);
        }
        count ++;                        //结点个数增加
        return head;
    }

public LinkNode deleteNode(char c)
    throws LinkNodeException{ //删除指定数据的结点，c 是要删除结点的字符数据
    if(head==null){                  //如果头数据相等，删除头结点
        throw new LinkNodeException("null node");
    }
    char ch = head.getData();
    if(ch == c) {
        head = head.getNext();
        return head;
    }
    LinkNode linkNode = head.getNext();          //获取下一个结点对象
    LinkNode tempNode = head;                    //存储上一个结点对象
    while(linkNode!=null) {
        ch = linkNode.getData();
        if(ch == c){
            tempNode = linkNode.getNext();       //删除当前结点
            return head;
        }
        tempNode = linkNode;
        linkNode = linkNode.getNext();
    }
    count --;                                    //结点个数减少
    return head;
}

public int length() {        //计算链串中结点的个数，即返回链串中字符的个数
    return this.count;
}

public char charAt(int index){        //获取链串中指定索引位置的字符数据
//求链串中指定位置的字符，索引从 0 开始，返回串中索引 index 处的字符数据
    int ilen = count;
    if(index < 0 || index >= ilen){
        throw new StringIndexOutOfBoundsException("索引超出边界："+index);
    }
    LinkNode linkNode = head;
```

```
        for(int i = 1; i <= index; i ++) {
            linkNode = linkNode.getNext();
        }
        return linkNode.getData();
    }
```

有了链串的运算类，就可以在 Java 程序中进行链串的操作运算，下面通过实例来演示链串运算类的应用。

【例 6.11】 接收键盘输入的字符建立链串，并输出结果。

首先，针对处理建立一个类，命名为 CreateLink，其实现代码如下：

```
public class CreateLink{
    public static void main(String[] args) {
        OperatorLink olink = new OperatorLink();    //建立链串对象
        BufferedReader br = new BufferedReader(new InputStreamReader(System.in));
        int read = 13;                              //遇到回车即可结束输入
        try {
            while ((read = br.read()) != 13) {      //读取来自键盘的输入，读取回车即结束
                char c = (char) read;
                olink.addNode(c);
            }
            int ilen = olink.length();              //获取链串长度，并输出链串
            for(int i = 0; i < ilen; i ++){
                System.out.print(olink.charAt(i));
            }
        }
        catch (Exception e) {                       //如果发生异常，输出异常消息
            System.out.println(e.getMessage());
        }
    }
}
```

程序运行的结果为
在键盘上输入：This is Java.
This is Java.

链串还有很多操作，有兴趣的读者可以参阅其他 Java 书籍，通过编写程序实现更多的链串运算操作，例如对一个主串求其子串操作，替换指定子串等。

习　　题

一、简答题

1. 什么是串的顺序存储结构？
2. 什么是空串，空串和空格串有什么区别？
3. 主串和子串有什么区别？

4. 什么是串的长度，在 Java 语言中如何获取串的长度？

5. 串有哪些基本运算，对应的每个运算通过哪些类可以完成？请举例说明。

二、选择题

1. 设有串 s1="I like english" 和 s2="like"，那么 s2 在 s1 中的索引位置值是（   ）。

    A. 1   B. 2   C. 3   D. 5

2. 设有主串 s1 和子串 s2，将求子串 s2 在主串 s1 中首次出现位置的运算称做（   ）。

    A. 求子串   B. 串比较   C. 模式匹配   D. 求取串的长度

3. 关于串下列叙述中正确的是（   ）。

    A. 在任何高级语言中只能通过顺序存储结构存储串

    B. 空串和空格串是不相同的

    C. 在 Java 语言中链串不可以实现 String 类中的所有操作

    D. 顺序存储的链串中无法实现插入、删除等操作

4. 执行"This"+"is"与下面哪个运算结果相同（   ）。

    A. "This".concat.("is")   B. "This".indexOf("is")

    C. "This".split("is")   D. "This".endsWith("is")

5. 字符串"This is a make task"的长度是（   ）。

    A. 18   B. 19   C. 20   D. 21

三、实验题

1. 假设有如下串：

    String s1 = "This";

    String s2 = "is";

    String s3 = "a book.";

（1）将 3 个串连接成一个串："This is a book."；

（2）写出比较 s1 和 s2 的执行语句；

（3）写出求取 s2 在 s1 中首次出现位置的执行语句。

2. 设有串 s1 和 s2，请编写程序实现算法，找出 s2 中第一个不在 s1 中出现的字符。

四、思考题

1. 针对单数据结点的链串，编写程序：

（1）求取链串的子串；

（2）比较两个链串大小；

（3）求取一个串在另一个串中首次出现的位置。

2. 编写一个算法，使得程序可以完成在一个串中将子串 s1 替换成 s2。

第 7 章 树与二叉树

【内容简介】

树形结构是一种典型的非线性结构,体现数据元素之间明显的层次关系。本章主要介绍树、二叉树、线索二叉树、二叉排序树和哈夫曼树的基本概念,树的遍历、存储结构和遍历算法等内容。树与二叉树在生活、工作中的应用十分广泛。

【知识要点】

◇ 树的定义、表示方法和存储结构;

◇ 二叉树的定义、性质和存储结构;

◇ 完全二叉树和满二叉树的概念;

◇ 二叉树的前序遍历、中序遍历、后序遍历和层次遍历算法;

◇ 线索二叉树的基本概念;

◇ 树与二叉树的转换,树的遍历;

◇ 二叉排序树的基本概念及创建;

◇ 哈夫曼树和哈夫曼编码的基本概念,哈夫曼编码的设计方法。

【教学提示】

本章共设 14 学时,理论 8 学时,实验 6 学时。通过理论知识和算法实例相结合的方式,主要介绍了树和二叉树的遍历、存储结构和遍历算法,树和森林的遍历方法等内容。在学习中,重点掌握树和二叉树的性质,二叉树的存储结构,二叉树的遍历,二叉树的应用等。树、森林以及二叉树的转换、线索二叉树的算法实现、二叉排序树的算法实现、哈夫曼树的算法实现、哈夫曼编码、判断树等相关内容作为选学内容。

7.1 实例引入

【学习任务】 通过实例分析,了解树形结构的特点。

【例 7.1】 连锁店结构示意图。

假设北京某食品连锁店,为扩大其经营范围,增强其销售能力和竞争实力,在东北地区的哈尔滨、长春、沈阳等城市建立了分店,由于经营得当,销售情况良好,又在每个分店所在城市建立了若干分店,其结构示意图如图 7.1 所示。

通过该结构图显示,在北京总店与分店及下级的各个分店之间构成一种层次关系,下层接受上层管理，这就形成了一对多的关系，也称为层次关系。本章所介绍的树形结构就是一种典型的层次结构。

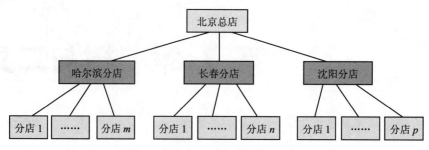

图 7.1　北京某食品连锁店结构示意图

7.2　树

【学习任务】　掌握树的定义和相关概念，了解树的表示方法，理解树的存储结构。

在生活中，树的应用极其广泛，家谱结构和各种社会组织机构都可以用树来表示；在计算机领域，可以用树形结构来表示 Windows 文件系统等。

7.2.1　树的定义

树（Tree）是由 n（$n \geq 0$）个节点构成的有限集合。节点数为 0 的树称为空树，节点数大于 0 的树称为非空树。

一棵非空树满足以下条件：

① 有且仅有一个被称为根 R（Root）的特殊节点，其余所有节点都可由根节点经过一定分支得到，而根节点 R 没有前驱节点；

② 当 $n > 1$ 时，除根节点 R 外的其他节点被分成 m（$m > 0$）个互不相交的子集 T_1、T_2、…、T_m，其中每个子集 T_i（$1 \leq i \leq m$）本身又是一棵树，称为根节点 R 的子树。

可见，树的定义是递归定义，即每个子树的定义也是按照上面的过程完成的。

树的特性如下。

① 树中的各个元素及包含的信息称为节点。空树是树的特例，引入空树的概念是为以后的运算和叙述带来方便；

② 非空树中至少有一个节点，称为树的根节点，只有根节点的树称为最小树，也称为根树；

③ 当树中的节点多于一个时，除根节点外的其余节点构成若干棵子树，各子树间互不相交。

节点：节点由数据元素和构造数据元素之间关系的指针组成。指针指向节点的子树的分支。图 7.2（a）所示为一棵只有 1 个节点的树，图 7.2（b）所示为一棵具有 12 个节点的树。

节点的度和树的度：节点拥有的子树的个数称为该节点的度。将树中各节点度的最大值称为该树的度。图 7.2（b）中 B 节点的度为 2，D 节点的度为 3，树的度为 3。

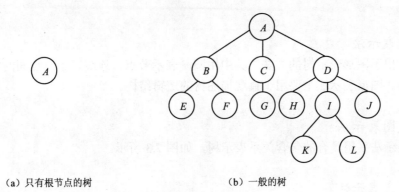

（a）只有根节点的树　　　　　　　　（b）一般的树

图 7.2　树的示意图

在树形结构的讨论中，常使用家谱系用语。

叶子节点和分支节点：将度为 0 的节点称为叶子节点，又称为终端节点；将度不为 0 的节点称为分支节点，又称为非终端节点。例如图 7.2（b）中的 E、F、G、H、J、K、L 节点都是叶子节点，A、B、C、D、I 节点都是分支节点。

孩子节点和双亲节点：某节点子树的根节点称为该节点的孩子节点。该节点称为孩子节点的双亲节点。例如图 7.2（b）中的 B、C、D 节点是 A 节点的孩子节点，K 节点是 I 节点的孩子节点，相对应的 A 节点是 B、C、D 节点的双亲节点。

兄弟节点：具有同一双亲的节点互为兄弟节点。例如图 7.2（b）中的 H、I、J 节点具有相同的双亲节点 D，所以称 H、I、J 节点为兄弟节点。

后裔和祖先：一个节点的所有子树上的任何节点都是该节点的后裔，该节点称为这些后裔节点的祖先。例如图 7.2（b）中的 H、I、J、K、L 节点都是节点 D 后裔，A、D、I 节点称为 K 节点的祖先。

节点的层次：从根节点到树中某节点所经路径上的边数加 1 称为该节点的层次。根节点的层次规定为 1，其他节点的层次就是其双亲节点的层次数加 1。例如图 7.2（b）中的 H 节点的层次为 3。

树的深度：树中所有节点的层次的最大值称为该树的深度。例如图 7.2（b）中的树深度为 4。

无序树：如果树中任意节点的各孩子节点的排列没有严格次序，交换位置后树不发生变化，则称该树为无序树。

有序树：如果树中任意节点的各孩子节点的排列有严格的次序，交换位置后树发生了变化，则称该树为有序树。在有序树中，最左边的子树的根节点称为第一个孩子，最右边的子树的根节点称为最后一个孩子。

森林：n（$n \geqslant 0$）棵树的集合称为森林。森林和树的概念相似，删除一棵树的根，则所有的子树形成森林；而为森林加上一个根，则森林就变成一棵树。

7.2.2　树的表示方法

树的常用表示方法有以下 4 种：图形表示法、文氏图表示法、广义表表示法和凹入表示法。

1. 图形表示法
图 7.2 给出了图形表示树的方法，其中用圆圈表示节点，连线表示节点间的关系，并把树根画在上面。图形表示法主要用于直观描述树的逻辑结构。

2. 文氏图表示法
文氏图表示法采用集合的包含关系表示树，如图 7.3 所示。

3. 广义表表示法
广义表表示法以广义表的形式表示树，利用广义表的嵌套区间表示树的结构，如图 7.4 所示。

4. 凹入表示法
凹入表示法（章节目录表示法）采用逐层缩进的方法表示树，有横向凹入表示和竖向凹入表示。图 7.5 所示为横向凹入表示。

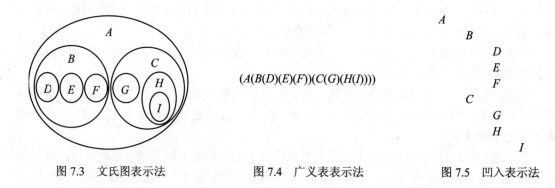

图 7.3　文氏图表示法　　　　图 7.4　广义表表示法　　　　图 7.5　凹入表示法

7.2.3　树的抽象数据类型

1. 数据集合
每个节点由数据元素和构造数据元素之间关系的指针组成。

2. 操作集合
① ClearTree(T)：设置树 T 为空。
② Root(T)：求树 T 的根节点。
③ InitTree(T)：初始化树 T。
④ CreateTree(x,R)：生成以 x 为根节点，以森林 R 为子树的树。
⑤ Parent(T,x)：求树 T 中 x 节点的双亲节点。
⑥ SetParent(x,y)：把节点 x 置为以节点 y 的双亲节点。

⑦ AddChild(y,i,x)：把以节点 x 为根的树置为节点 y 的第 i 棵子树。

⑧ DeleteChild(x,i)：删除节点 x 的第 i 棵子树。

⑨ LeftChild(x,y)：把节点 x 置为节点 y 的最左孩子节点。

⑩ RightSibling(x,y)：把节点 x 置为节点 y 的右兄弟节点。

⑪ Child(T,x,i)：求树 T 中 x 节点的第 i 棵子树。

⑫ Traverse(T)：遍历树 T，即按某种顺序依次访问树中的每个节点，且只访问一次。

7.2.4 树的存储结构

对于树，关心的是树在计算机中如何表示和存储。存储树时，既要存储节点的数据元素，又要存储节点之间的逻辑关系。节点之间的逻辑关系有：双亲－孩子关系、兄弟关系。因此，树的存储结构主要有双亲表示法、孩子表示法、双亲孩子表示法和孩子兄弟表示法。

表示节点之间的逻辑关系主要采用指针或仿真指针。

1. 双亲表示法

使用指针表示每个节点的双亲节点，即双亲表示法。每个节点包含两个域：数据域和指针域。

图 7.6（a）所示为对图 7.2（b）采用常规指针表示的存储结构，图 7.6（b）所示为对图 7.2（b）采用仿真指针表示的存储结构。

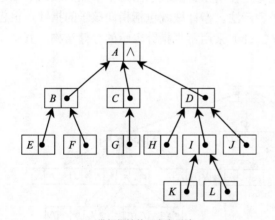

	Data	Parent
0	A	-1
1	B	0
2	C	0
3	D	0
4	E	1
5	F	1
6	G	2
7	H	3
8	I	3
9	J	3
10	K	8
11	L	8

（a）常规指针的双亲表示法　　　　　　（b）仿真指针的双亲表示法

图 7.6 树的双亲表示法

在常规指针表示法中，每个节点是一个结构，包含两个域：数据域和指针域。指针域指向该节点的双亲节点，没有双亲节点的指针域是空指针（用∧表示）。在仿真指针表示法中，每个节点是数组的一个元素，每个元素也包含数据域和指针域，但是指针域中存放的是双亲节点所在数组中的下标位置，没有双亲节点的指针域的值为-1。

双亲表示法对查找一个节点的双亲节点及祖先节点的操作十分便利，但是想要查找其孩子节点，实现很不方便。

2. 孩子表示法

使用指针表示出每个节点的孩子节点，即孩子表示法。由于每个节点的孩子节点个数不同，为了简便起见，孩子表示法中的每个节点的指针域个数是树的度。

图 7.7 所示为对图 7.2（b）采用常规指针表示的存储结构。

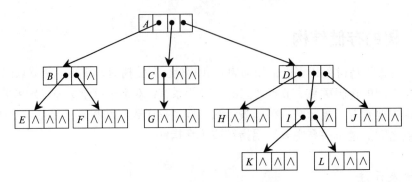

图 7.7　常规指针的孩子表示法

孩子表示法与双亲表示法的特点相反。采用孩子表示法可方便地找到一个节点的孩子及其后裔，并能方便地实现树的遍历。

3. 双亲孩子表示法

采用双亲表示法和孩子表示法的优势，使用指针既表示出每个节点的双亲节点，又表示出每个节点的孩子节点，就是双亲孩子表示法。指针域既包括指向孩子的指针，也包括指向双亲节点的指针。图 7.8 所示为对图 7.2（b）采用常规指针表示的存储结构，其中实线表示孩子指针，虚线表示双亲指针。

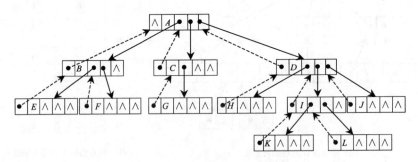

图 7.8　常规指针的双亲孩子表示法

4. 孩子兄弟表示法

采用指针既指向每个节点的孩子节点，又指向每个节点的兄弟节点，就是孩子兄弟表示法。指针域包含两个指针：指向孩子节点的指针和指向兄弟节点的指针。

图 7.9 所示为对图 7.2（b）采用常规指针表示的存储结构，其中实线表示孩子指针，虚线表示兄弟指针。

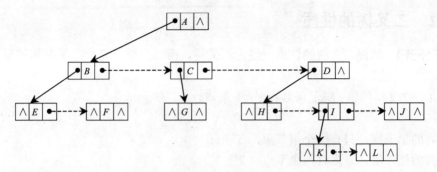

图 7.9　常规指针的孩子兄弟表示法

树的操作实现比较复杂，二叉树的操作实现相对简单，所以实际应用中常把树转换为二叉树来处理。下面介绍二叉树的相关知识。

7.3　二叉树

【学习任务】　掌握二叉树的相关概念和特点，理解二叉树的存储结构，注意把握树和二叉树的异同。

二叉树是一种重要的数据结构类型，其特点在于任一节点最多有两个子树分支，二叉树的度为 2。在二叉树中，左右子树是严格区分的，子树的顺序不能随意颠倒。

7.3.1　二叉树的定义

定义：二叉树是由 n（$n \geq 0$）个节点组成的有限集合，每个节点最多有两个子树的有序树。它或者是空集，或者是由一个根和称为左、右子树的两个不相交的二叉树组成。

二叉树的特点如下：

① 二叉树是有序树，即使只有一个子树，也必须区分左、右子树；

② 二叉树的每个节点的度不能大于 2，只能取 0、1、2 三者之一；

③ 二叉树中所有节点的形态有 5 种：空节点、无左右子树的节点、只有左子树的节点、只有右子树的节点和具有左右子树的节点，如图 7.10 所示。

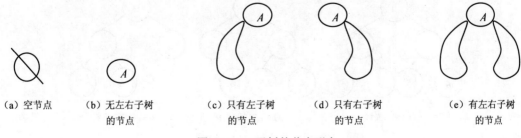

（a）空节点　　（b）无左右子树　　　（c）只有左子树　　（d）只有右子树　　　（e）有左右子树
　　　　　　　　　　的节点　　　　　　　的节点　　　　　　　的节点　　　　　　　的节点

图 7.10　二叉树的节点形态

7.3.2 二叉树的性质

【学习任务】 掌握二叉树的性质，注意二叉树、满二叉树、完全二叉树和扩充二叉树之间的联系。

性质 1 二叉树的第 i 层上最多有 2^{i-1} 个节点。

分析：

二叉树的第一层，只有一个根节点，$2^0 = 1$；

二叉树的第二层，最多有两个节点，$2^1 = 2$；

……

二叉树的第 i 层，最多包含的节点个数为 2^{i-1}。

性质 2 深度为 h 的二叉树上最多有 $2^h - 1$ 个节点。

分析：根据性质 1，深度为 h 的二叉树上，每层的节点最多为 1，2，$\cdots$，2^{h-1}，因此，整个二叉树中节点的总数最多为：$\sum_{i=1}^{h} 2^{i-1} = 2^h - 1$。

性质 3 具有 n 个节点的二叉树的高度不小于 $\log_2(n+1)$ 的最大整数。

分析：由性质 2 知，高度为 h 的二叉树最多有 $2^h - 1$ 个节点，因此 $n \leqslant 2^h - 1$，则有 $h \geqslant \log_2(n+1)$。因为 h 是整数，所以 $h \geqslant \lceil \log_2(n+1) \rceil$。

性质 4 在任意一棵二叉树中，如果叶子节点的个数为 n_0，度为 2 的节点的个数为 n_2，则必然有 $n_0 = n_2 + 1$。

分析：设二叉树的节点总数为 n，树中度为 1 的节点个数为 n_1，则 $n = n_0 + n_1 + n_2$。

除根节点没有双亲外，每个节点都有且仅有一个双亲节点，所以有 $n-1$ 个作为孩子的节点。

而这些孩子节点不是度为 1 的节点的孩子，就是度为 2 的节点的孩子，所以 $n-1 = n_1 + 2n_2$。

结合上面两式，有 $n_0 = n_2 + 1$。

满二叉树：若深度为 h 的二叉树，恰好具有 $2^h - 1$ 个节点，则称该二叉树为满二叉树，如图 7.11（a）所示。

完全二叉树：若一棵具有 n 个节点的二叉树的逻辑结构与满二叉树的前 n 个节点的逻辑结构完全相同，则称该二叉树为完全二叉树，如图 7.11（b）所示。

扩充二叉树：除叶子节点外，其余节点都必须有两个孩子的二叉树，如图 7.11（c）所示。

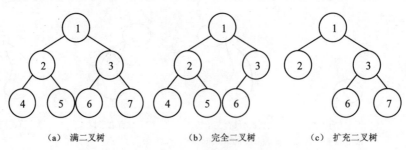

（a）满二叉树　　　　（b）完全二叉树　　　　（c）扩充二叉树

图 7.11　几种特殊二叉树

性质 5 具有 n 个节点的完全二叉树的高度为 $\lceil \log_2(n+1) \rceil$。

分析：设完全二叉树的深度为 h，则除第 h 层外，前 $h-1$ 层形成满二叉树，并包含 $2^{h-1}-1$ 个节点；而第 h 层的节点个数不会超过 2^{h-1} 个，因此有：

$$2^{h-1}-1 < n \leqslant 2^h - 1$$

移项得

$$2^{h-1} < n+1 \leqslant 2^h$$

取对数

$$h-1 < \log_2(n+1) \leqslant h$$

因此 h 是不小于 $\log_2(n+1)$ 的最小整数，$h = \lceil \log_2(n+1) \rceil$。

性质 6 假定对一棵有 n 个节点的完全二叉树中的节点，按从上到下、从左到右的顺序，从 1 到 n 编号。设树中某个节点的序号为 i，则 $1 \leqslant i \leqslant n$，则有以下关系：

① 若 i 等于 1，则该节点为二叉树的根；

② 若 $i > 1$，则该节点的双亲节点的序号为 $\lfloor i/2 \rfloor$；

③ 若 $2i \leqslant n$，则该节点的左孩子节点的序号为 $2i$，否则该节点无左孩子节点；

④ 若 $2i+1 \leqslant n$，则该节点的右孩子节点的序号为 $2i+1$，否则该节点无右孩子节点。

分析：③和④可用归纳法证明，①、②可由③、④导出。

*归纳基点：对于 $i=1$，显然成立，该节点为根节点，根据完全二叉树的编码规则，根节点的序号为 1，其左孩子节点的序号为 $2i=2$，如果 $2 > n$，即树中节点数小于 2，根节点不存在左孩子节点；根节点的右孩子节点的序号为 $2i+1=3$，如果 $3 > n$，即树中节点数小于等于 2，根节点不存在右孩子节点。

*归纳假设：如果对所有序号为 j（$1 \leqslant j < i = n$）的节点，其左孩子节点的序号为 $2j$，右孩子节点的序号为 $2j+1$，只要证明对 $j=i$ 时也成立即可。根据归纳假设，序号为 $i-1$ 的节点的左孩子节点的序号为 $2(i-1)$，其右孩子节点的序号为 $2(i-1)+1=2i-1$；因此序号为 i 的节点的左孩子节点的序号为 $2i$，如果 $2i > n$，则该节点没有左孩子节点，其右孩子节点的序号为 $2i+1$，如果 $2i+1 > n$，则该节点没有右孩子节点。

事实上，根据编码规则，序号 $i-1$ 和 i 的节点的关系如图 7.12 所示，有两种情况，即在同一层或在两层上。

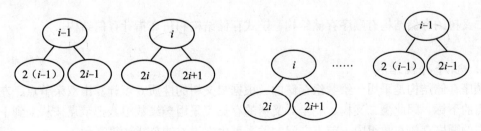

（a）节点 $i-1$ 和节点 i 在同一层上 　　　　　　（b）节点 $i-1$ 和节点 i 不在同一层上

图 7.12 完全二叉树中相邻节点的左右孩子节点的关系

7.3.3 二叉树的抽象数据类型

1. 数据集合
每个节点由数据元素和表示两个构造数据元素之间关系的指针组成。

2. 操作集合
① CreateBinTree(x,LBT,RBT)：创建一棵以 x 为根节点、以 LBT 为左子树、以 RBT 为右子树的二叉树。

② DestroyBinTree(BT)：撤销二叉树 BT。

③ IsEmpty(BT)：判断二叉树 BT 是否为空，为空则返回 true，否则返回 false。

④ ClearBinTree(BT)：移除所有节点，使二叉树 BT 成为空二叉树。

⑤ Root(BT)：返回二叉树 BT 的根节点。

⑥ Parent(BT,x)：返回二叉树 BT 中节点 x（x 不能是根节点）的双亲节点。如果节点 x 是根节点或者二叉树中没有节点 x，则返回空。

⑦ LeftChild(x,BT)：返回二叉树 BT 中节点 x 的左孩子节点。

⑧ RightChild(x,BT)：返回二叉树 BT 中节点 x 的右孩子节点。

⑨ MakeBinTree(x,LBT,RBT)：构造一棵以 x 为根节点、以 LBT 为左子树、以 RBT 为右子树的二叉树。

⑩ BreakBinTree(BT,x,LBT,RBT)：把二叉树 BT 拆分为三部分，x 为根节点，LBT 和 RBT 分别为原二叉树的左、右子树。

⑪ AddLChild(BT,y,SBT)：把子二叉树 SBT 插在二叉树 BT 中作为节点 y 的左子树。

⑫ AddRChild(BT,y,SBT)：把子二叉树 SBT 插在二叉树 BT 中作为节点 y 的右子树。

⑬ PreOrder(BT)：前序遍历二叉树 BT。

⑭ InOrder(BT)：中序遍历二叉树 BT。

⑮ PostOrder(BT)：后序遍历二叉树 BT。

7.3.4 二叉树的存储结构

二叉树的存储结构有顺序存储结构、链式存储结构和仿真指针存储结构。

1. 顺序存储结构
顺序存储结构是采用一维数组存储的。根据二叉树的性质 6 可计算出双亲节点、左右孩子节点的下标。因此满二叉树、完全二叉树的存储可采用一维数组，把节点按从上到下、从左到右的顺序存放在数组中，节点之间的关系可由性质 6 的公式计算得到。

图 7.11（a）在数组中的存储形式为

1	2	3	4	5	6	7

图 7.11（b）在数组中的存储形式为

1	2	3	4	5	6

一般二叉树不宜采用顺序表示，这是由于如果采用该方法表示，不能确定一棵普通二叉树的各种关系。一般二叉树可采用链式存储结构。

如果需要采用顺序存储结构存储一棵普通二叉树时，可采用在一棵普通二叉树中增添一些并不存在的空节点使之变成完全二叉树的形态，然后再采用顺序存储结构存储。图 7.13（a）所示为一棵普通二叉树，图 7.13（b）所示为图 7.13（a）添加空节点后的完全二叉树形态，图 7.13（c）所示为图 7.13（b）采用一维数组的顺序存储表示（符号∧表示空节点）。

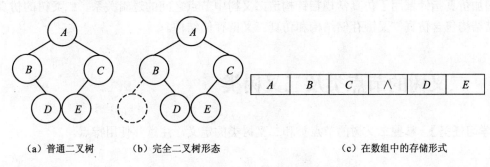

（a）普通二叉树　　　（b）完全二叉树形态　　　　　　　　（c）在数组中的存储形式

图 7.13　普通二叉树的顺序存储形式

2. 链式存储结构

链式存储结构采用链表存储二叉树中的数据元素，用链建立二叉树中节点之间的关系。二叉树最常用的链式存储结构是二叉链，每个节点包含 3 个域，分别是数据元素域 data、左孩子链域 lChild 和右孩子链域 rChild，节点结构为

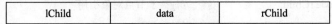

lChild	data	rChild

与单链表带头节点和不带头节点的两种情况相似，二叉链存储结构的二叉树也有带头节点和不带头节点两种。对于图 7.13（a）所示的二叉树，带头节点和不带头节点的二叉链存储结构的二叉树如图 7.14（a）、（b）所示。

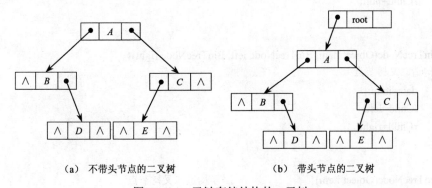

（a）不带头节点的二叉树　　　　　　　（b）带头节点的二叉树

图 7.14　二叉链存储结构的二叉树

在一棵有 n 个节点的二叉树中，除根节点外，其余的节点均都有一个分支指向父节点，因此共有 $n-1$ 个链域非空，其余 $n+1$ 个链域为空。为了提高空间利用率，后面将讨论对这些

空链域的利用问题。

二叉树的二叉链存储结构是常用的存储结构。其优点是：结构简单，可方便地构造任何二叉树，可实现二叉树的大多数操作。其缺点是：难以查找当前节点的双亲节点。

当需要经常执行访问双亲节点的操作时，可采用三叉链存储结构。三叉链是在二叉链存储结构的基础上，再增加一个指向双亲节点的链域 parent。

3. 仿真指针存储结构

二叉树的仿真指针存储结构使用数组存储二叉树中的节点，数组中的每个节点除数据域外，增加仿真指针域用于仿真常规指针构造二叉树中节点之间的逻辑关系。二叉树的仿真指针存储结构包含仿真二叉链存储结构和仿真三叉链存储结构。

7.4 二叉树的节点类及二叉树类

【学习任务】 掌握二叉树的节点类和二叉树类的定义，注意其使用特点。

7.4.1 二叉树节点类

节点是构造二叉树的根本，只有建立了节点，才能在此基础上进行二叉树的设计。下面是二叉树节点类的定义。

```
public class BinTreeNode{                          //二叉树节点类
    private BinTreeNode lChild;                     //左孩子节点对象引用
    private BinTreeNode rChild;                     //右孩子节点对象引用
    public Object data;                             //数据元素

    BinTreeNode(){                                  //构造二叉树节点
        lChild=null;
        rChild=null;
    }

    BinTreeNode(Object item, BinTreeNode left, BinTreeNode right){
    //构造二叉树节点
        data=item;
        lChild=left;
        rChild=right;
    }

    BinTreeNode(Object item){                       //构造二叉树节点
        data=item;
        lChild=null;
        rChild=null;
```

```
        }
        public BinTreeNode getLeft(){                //返回左孩子节点
            return lChild;
        }
        public BinTreeNode getRight(){               //返回右孩子节点
            return rChild;
        }
        public Object getData(){                     //返回数据元素
            return data;
        }
        public void setLeft(BinTreeNode left){       //设置左孩子节点
            lChild=left;
        }
        public void setRight(BinTreeNode right){     //设置右孩子节点
            rChild=right;
        }
    }
```

7.4.2　二叉树类

二叉树类是在二叉树节点类的基础上设计的，这里设计的二叉树类只实现最基本的创建二叉树、删除二叉树的操作，其他操作将在以后随着探讨的深入逐步介绍。

```
    public class BinTree{                            //二叉树类
        private BinTreeNode root;
        BinTree(){                                   //构造方法
            root=null;
        }
        BinTree(Object item,BinTree left,BinTree right){  //构造方法
            BinTreeNode l=null,r=null;
            if(left==null)
                l=null;
            else
                l=left.root;
            if(right==null)
                r=null;
            else
                r=right.root;
            root=new BinTreeNode(item,l,r);
        }
        public boolean root(Object x){               //返回根节点元素方法
            if(root!=null){
                x=root.getData();
                return true;
            }
```

```
        else
            return false;
    }
    public void MakeTree(Object x,BinTree left,BinTree right){        //创建二叉树
        if(root!=null || left==right)
            return;
        root=new BinTreeNode(x,left.root,right.root);
        left.root=null;
        right.root=null;
    }
    public void BreakTree(Object x,BinTree left,BinTree right){        //删除二叉树
        if(root==null || left==right || left.root!=null || right.root!=null)
            return;
        x=root.getData();
        left.root=root.getLeft();
        right.root=root.getLeft();
        //delete root;
        root=null;
    }
    …                                          //遍历算法
}
```

7.5　二叉树的遍历

【学习任务】 掌握二叉树前序、中序、后序遍历算法的思想，理解递归遍历算法及实例应用。

7.5.1　二叉树遍历算法

　　二叉树作为一种存储结构，经常涉及的操作是查找符合某条件的节点是否存在，对树中的全部节点逐个进行处理。这就需要对二叉树进行节点的查找，遍历就是按照某种搜索路径处理树中的每个节点，使得每个节点均被处理一次且仅被处理一次。

　　根据二叉树的定义，一棵二叉树由三部分组成：根节点（D）、左子树（L）和右子树（R）。只要依次遍历这三部分，就遍历了整棵二叉树。根据处理这三部分的顺序不同，可以有 DLR、DRL、LDR、LRD、RDL、RLD 6 种遍历二叉树的方法。本书以 DLR、LDR、LRD 3 种方法为例进行介绍，其余同理。

　　由于二叉树是递归定义的，所以二叉树遍历操作也可设计成递归算法。

　　（1）前序遍历（DLR）递归算法描述

　　若二叉树为空，算法结束；

　　否则，① 访问根节点；

　　　　　② 前序遍历左子树；

　　　　　③ 前序遍历右子树。

（2）中序遍历（LDR）递归算法描述

若二叉树为空，算法结束；

否则，① 中序遍历左子树；

　　　　　② 访问根节点；

　　　　　③ 中序遍历右子树。

（3）后序遍历（LRD）递归算法描述

若二叉树为空，算法结束；

否则，① 后序遍历左子树；

　　　　　② 后序遍历右子树；

　　　　　③ 访问根节点。

图 7.15 所示为二叉树 3 种遍历算法的例子。

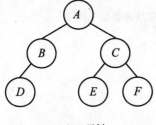

前序遍历：*A B D C E F*

中序遍历：*D B A E C F*

后序遍历：*D B E F C A*

　　（a）二叉树　　　　　　　　　　　　　　（b）3 种二叉树遍历次序

图 7.15　二叉树遍历示例

　　二叉树还可以按层次遍历，即先访问根节点，再依次访问下层节点，每层节点按从左至右的顺序访问，直至全部节点访问完毕。对于如图 7.15 所示的二叉树，按层次遍历的结果为：*A B C D E F*。

　　二叉树的层次遍历可以借助队列来完成，算法如下。

① 把根节点压入队列。

② 如果队列非空，循环执行以下操作：

● 从队列中取出队头节点，访问该节点；

● 若该节点的左孩子节点非空，则将该节点的左孩子节点压入队列；

● 若该节点的右孩子节点非空，则将该节点的右孩子节点压入队列；

③ 结束。

7.5.2　二叉树遍历算法的实现

1. 访问节点算法

访问节点表示遍历到该节点时，对该节点进行的具体操作，操作随着问题的不同而不同。这里设计一个访问类 Visit 输出节点内容。

```
public class Visit{
```

```
    public void print(Object item){
        System.out.print(item+" ");
    }
}
```

2. 遍历算法

```
public class BinTree{                                    //二叉树类
    …
    public static void PreOrder(BinTreeNode r,Visit vs){    //前序遍历二叉树
        if(r != null){
            vs.print(r.data);
            PreOrder(r.getLeft(),vs);
            PreOrder(r.getRight(),vs);
        }
    }
    public static void InOrder(BinTreeNode r,Visit vs){ //中序遍历二叉树
        if(r != null){
            InOrder(r.getLeft(),vs);
            vs.print(r.data);
            InOrder(r.getRight(),vs);
        }
    }
    public static void PostOrder(BinTreeNode r,Visit vs){    //后序遍历二叉树
        if(r != null){
            PostOrder(r.getLeft(),vs);
            PostOrder(r.getRight(),vs);
            vs.print(r.data);
        }
    }
    public static void LevelOrder(BinTreeNode r,Visit vs)    //层次遍历二叉树
        throws Exception{
            java.util.Queue q = new java.util.LinkedList();
            if(r == null)
                return;
            BinTreeNode current;
            q.add(r);
            while(!q.isEmpty()){
                current=(BinTreeNode)q.remove();
                vs.print(current.data);
                if(current.getLeft() != null)
                    q.add(current.getLeft());
                if(current.getRight() != null)
                    q.add(current.getRight());
            }
```

```
        }
    }
```

7.5.3 非递归的二叉树遍历算法

所有递归算法都可以借助堆栈转换成为循环结构的非递归算法。现在以前序遍历算法为例，来讨论非递归的二叉树遍历算法。

前序遍历首先访问根节点，然后前序遍历左子树和右子树。这种遍历算法的特点是：在所有没有被访问的节点中，最后访问节点的左子树的根节点将最先被访问。

非递归的二叉树前序遍历算法如下。

① 初始化一个空堆栈。

② 把根节点指针压入栈。

③ 当堆栈不为空时，循环执行以下操作：

● 弹出栈顶节点指针，访问该节点；

● 如果该节点的右孩子节点不为空，则将该节点的右孩子节点指针压入栈；

● 如果该节点的左孩子节点不为空，则将该节点的左孩子节点压入栈；

④ 结束。

对于如图 7.15（a）所示的二叉树，非递归的二叉树前序遍历算法的执行过程如表 7.1 所示。

表 7.1 非递归的二叉树前序遍历算法执行过程

步　骤	操　作	堆栈内容	当前访问节点
0	入栈	(A)	
1	出栈		A
2	入栈	(C)	
3	入栈	(B), (C)	
4	出栈	(C)	B
5	入栈	(D), (C)	
6	出栈	(C)	D
7	出栈		C
8	入栈	(F)	
9	入栈	(E), (F)	
10	出栈	(F)	E
11	出栈		F
12	栈空		

即遍历结果为 $ABDCEF$，和递归的前序遍历结果一致。

非递归的二叉树前序遍历函数如下：

```java
public static void preOrderNonRecu(BinTreeNode root,Visit vs) throws Exception{
        java.util.Stack s = new java.util.Stack();      //创建链式堆栈类对象
        if(root==null)                                   //空树，结束
            return;
        BinTreeNode curr;
```

```
        s.push(root);                          //根节点压入堆栈
        while(!s.isEmpty()){                    //栈不为空，从栈顶弹出节点并访问
            curr=(BinTreeNode)s.pop();          //弹出栈顶指针
            vs.print(curr.data);                //访问节点
            if(curr.getRight()!=null)           //右孩子节点不为空，右孩子节点压入堆栈
                s.push(curr.getRight());
            if(curr.getLeft()!=null)            //左孩子节点不为空，左孩子节点压入堆栈
                s.push(curr.getLeft());
        }
    }
```

7.5.4　二叉树遍历的应用

1.　根据输入的前序序列，创建二叉树

```
public BinTree createBinTree(){              //根据输入的前序序列，创建二叉树
        BinTree r;
        char ch=' ';
    BufferedReader in=new BufferedReader(new InputStreamReader(System.in));
        try {
            CharArrayReader car = new CharArrayReader(in.readLine()
                    .toCharArray());
            ch = (char) car.read(); //输入字符
        } catch (Exception e) {
            // TODO: handle exception
        }
        if(ch==' ')                          //空字符时停止创建
            r=null;
        else{
            r=new BinTree();                 //创建二叉树对象
            r.root=new BinTreeNode(ch);      //生成二叉树对象的根节点
            r.root.setLeft(createBinTree().root);  //创建其左子树
            r.root.setRight(createBinTree().root); //创建其右子树
        }
        return r;
    }
```

2.　查找元素

在以 R 为根节点的二叉树中查找数据元素 x，如果查找到则返回该节点，否则返回空。

查找时，可以采用前面介绍的各种遍历算法。现在采用前序遍历设计查找函数，即首先比较根节点，然后在左子树中查找，最后在右子树中查找。采用前序遍历设计查找函数适用于已经排序的二叉树，即左子树的节点的数据元素小于根节点的数据元素，根节点的数据元素小于右子树的节点的数据元素（反之也可）。

```
public static BinTreeNode search(BinTreeNode r,Object x){
    BinTreeNode temp;
    if(r==null)                        //空树，查找失败
        return null;
    if(r.data.equals(x))               //比较根节点，相同则成功返回该节点
        return r;
    if(r.getLeft()!=null){             //在左子树中查找
        temp=search(r.getLeft(),x);    //左子树查找结果
        if(temp!=null)                 //查找结果不空，则成功返回该节点
            return temp;
    }
    if(r.getRight()!=null){            //在右子树中查找
        temp=search(r.getRight(),x);   //右子树查找结果
        if(temp!=null)                 //查找结果不空，则成功返回该节点
            return temp;
    }
    return null;                       //查找不到，返回空
}
```

3. 求二叉树的高度

二叉树的高度为二叉树中节点层次的最大值，所以，求二叉树的高度需要遍历左子树求其高度，再遍历右子树求其高度，而二叉树的高度是左、右子树层次高者再加 1。

```
public static int depthOfBinTree(BinTreeNode r){
    int high,lh,rh;
    if(r==null)                          //二叉树空，高度为 0
        return 0;
    else{
        lh=depthOfBinTree(r.getLeft());  //左子树高度
        rh=depthOfBinTree(r.getRight()); //右子树高度
        if(lh>rh)                        //左子树高度大
            high=lh+1;                   //二叉树的高度为左子树高度加 1
        else
            high=rh+1;                   //否则高度为右子树高度加 1
    }
    return high;
}
```

7.6　线索二叉树

【学习任务】 掌握线索二叉树的定义，了解线索二叉树的存储结构、遍历方法和构造方法。

二叉树是非线性结构，但是当按照某种规则遍历二叉树时，就会将二叉树的节点按规则排列成一个线性序列，其实质就是对一个非线性序列进行线性化操作，使每个节点（除第一个节点和最后一个节点外）在这个线性序列中有且仅有一个前驱节点和后继节点。但是，遍

历并没有把前驱节点和后继节点的信息保存下来。

7.6.1　线索二叉树的定义

如果能够在存储二叉树时，同时存储节点在遍历序列中的前驱节点和后继节点的信息，那么在对二叉树进行各种操作时就会更加方便。

在二叉树的链式存储结构中，增加指向前驱节点和后继节点的信息，称为线索。加上线索的二叉树叫做线索二叉树（Threaded Binary Tree）。对二叉树以某种次序进行遍历使其成为线索二叉树的过程叫做线索化。

7.6.2　线索二叉树的存储结构

1. 线索二叉树存储结构的确定

在由 n 个节点构成的二叉树链式存储结构中，存在着 $n+1$ 个空链域。可利用这些空链域建立起相应节点的前驱节点信息和后继节点信息。

思考：在二叉链存储结构中，如果某节点有左子树，则其 lChind 域指向其左孩子节点，否则其 lChild 域指向该节点在遍历序列中的前驱节点；如果某节点有右子树，则其 rChild 域指向其右孩子节点，否则其 rChild 域指向该节点在遍历序列中的后继节点。为了区分一个节点中的 lChild 域和 rChild 域指向的是左、右孩子节点还是前驱、后继节点，需要在节点中再增设两个线索标志域 ltag 和 rtag 来区分这两种情况。线索标志域定义如下：

$$ltag = \begin{cases} 0 & \text{lChild域指向节点的左孩子节点} \\ 1 & \text{lChild域指向节点的前驱节点} \end{cases} \qquad rtag = \begin{cases} 0 & \text{rChild域指向节点的右孩子节点} \\ 1 & \text{rChild域指向节点的后继节点} \end{cases}$$

因此，每个节点包含如下 5 个域：

LChild	ltag	data	rtag	rChild

2. 线索的画法

在二叉树中，节点的前驱节点和后继节点需要根据遍历的不同而不同，因此线索二叉树也分为前序线索二叉树、中序线索二叉树和后序线索二叉树。

图 7.16（a）所示为图 7.15（a）对应的中序线索二叉树，图 7.16（b）所示为图 7.15（a）对应的前序线索二叉树，图 7.16（c）所示为图 7.15（a）对应的后序线索二叉树。

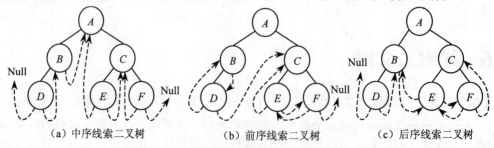

（a）中序线索二叉树　　　（b）前序线索二叉树　　　（c）后序线索二叉树

图 7.16　线索二叉树

和其他结构一样，线索二叉树也可包含有头节点。头节点的 data 域为空，lChild 域指向二叉树的根节点，ltag 为 0，rChild 域指向某种遍历的最后一个节点，rtag 为 1。图 7.17 所示为图 7.15（a）的中序线索链表。

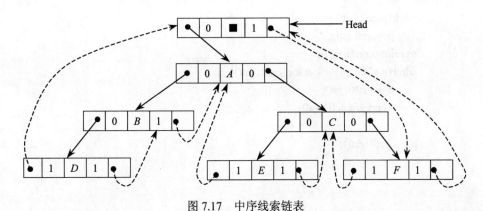

图 7.17　中序线索链表

7.6.3　遍历线索二叉树

线索二叉树为二叉树的遍历带来方便，根据线索二叉树的概念，只需要找到遍历序列的第一个节点，然后依次输出后继线索的节点，直到后继为空时，就可完成二叉树的遍历。

本算法基于如图 7.16 所示的具有头节点的存储结构，采用这样的存储结构，既可以从第一个节点开始起顺着后继线索进行遍历，又可以从最后一个节点顺着前驱线索进行遍历。

遍历中序线索二叉树的算法如下：

```
public class BinThrTreeNode{                          //线索二叉树节点类
    private BinThrTreeNode lChild;                    //左孩子节点对象引用
    private BinThrTreeNode rChild;                    //右孩子节点对象引用
    public Object data;                               //数据元素
    private int ltag,rtag;                            //线索标志域
    public BinThrTreeNode getLeft() {
        return lChild;
    }

    public void setLeft(BinThrTreeNode child) {
        lChild = child;
    }
…
}
    public class BinThrTree{                          //线索二叉树类
    private BinThrTreeNode root                       //线索二叉树头节点
    public BinThrTree createInOrderThrd();            //中序线索二叉树
…
}
    public void inOrderTraverseThrTree(BinThrTreeNode h,Visit vs){
```

```
//遍历中序线索二叉树，h 为头节点
        BinThrTreeNode p;
        p = h.getLeft();
        while(p!=h){
            while(p.getLtag()==0)
                p=p.getLeft();
            vs.print(p.getData());
            while(p.getRtag()==1 && p.getRight()!=h){
                p=p.getRight();
                vs.print(p.getData());
            }
            p = p.getRight();
        }
    }
```

7.6.4　构造中序线索二叉树

构造中序线索二叉树就是中序遍历并线索化二叉树，线索化的实质是将二叉链表中的空域改为指向前驱或后继的线索，而前驱或后继线索的信息需要在遍历的过程中得到，因此，线索化的过程就是在遍历二叉树的过程中修改空链域的过程。

算法思想：为了构造中序线索二叉树，需要在对二叉树进行遍历的过程中建立线索，即边遍历边线索化。如果访问的某节点的左子树为空，则为其建立前驱线索；如果访问的某节点的右子树为空，则为其建立后继线索。

```
public void inThrd(BinThrTreeNode p){
//在中序遍历二叉树的过程中建立线索的递归算法
        BinThrTreeNode pre = p;
        if(p!=null){
            inThrd(p.getLeft());            //左子树线索化
            if(p.getLeft()==null){
                p.setLtag(1);
                p.setLeft(pre);//建立 p 节点的前驱线索
            }
            if(p.getRight()==null){
                pre.setRtag(1);
                pre.setRight(p);        //建立 pre 节点的后继线索
            }
            pre=p;                      //链转接，保持 pre 指向 p 的前驱
            inThrd(p.getRight());        //右子树线索化
        }
    }
public BinThrTreeNode createInOrderThrd(BinThrTreeNode head, BinThrTreeNode r){
//head 指向头节点，r 指向根节点。中序线索二叉树 r，并对其进行线索化
        BinThrTreeNode pre;
```

```
        head = new BinThrTreeNode();              //建立头节点
        head.setLtag(0);                          //设置头节点标志域
        head.setRtag(0);
        head.setRight(head);                      //头节点的右链域指向自身
        if(r==null)
            head.setLeft(head);                   //如果二叉树为空，则左链域指向自身
        else{
            head.setLeft(r);
            pre=head;
            inThrd(r);                            //进行中序线索化
            pre.setRight(head);                   //最后一个节点线索化
            pre.setRtag(1);
            head.setRight(pre);
        }
        return head;
    }
```

7.7　树和森林

【学习任务】　掌握树、森林与二叉树之间相互转换的思想及实现过程。

7.7.1　树、森林与二叉树的转换

前面讨论了二叉树的很多特性，其应用也是十分广泛的。而树的表示和应用有许多时候在处理时很不方便，此时需要把树转换为二叉树，然后进行处理。实际上，树的孩子兄弟表示法就使用了此思想。

1. 树转换成为二叉树

把一般树转换成二叉树的规则是：

● 树的根仍为二叉树的根；

● 对树中的其他节点，令其左指针指向它的第一个左孩子节点，右指针指向其最近的右兄弟节点。

树与二叉树之间的转换如图 7.18 所示，具体转换步骤如下。

① 添加兄弟连线：在树中所有具有相同双亲节点的兄弟节点之间增加一条连线。

② 抹除右孩子节点与双亲节点之间的连线：对树中不是双亲节点的第一个孩子节点，只保留新添加的该节点与左兄弟节点之间的连线，删除该节点与双亲节点之间的连线。

③ 旋转调整：整理所有保留的和添加的连线，使每个节点的第一个孩子节点连线位于左孩子指针位置，使每个节点的右兄弟节点连线位于右孩子指针位置。

可以看到，树转换成二叉树后，根节点没有右子树。

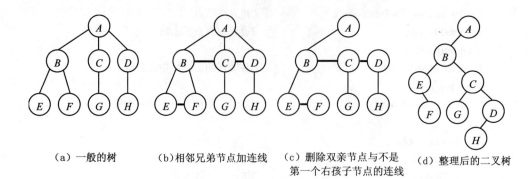

（a）一般的树　　　（b）相邻兄弟节点加连线　　（c）删除双亲节点与不是　　（d）整理后的二叉树
第一个右孩子节点的连线

图 7.18　树转换为二叉树的过程

2. 森林转换成为二叉树

对于森林，如果想要转换为二叉树，只需要把右侧的树看做第一棵树的兄弟树，在兄弟树间添加兄弟连线，即可实现森林向二叉树的转换。

森林转换为二叉树的情况如图 7.19 所示。

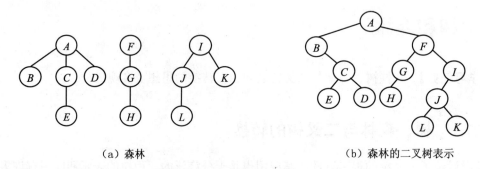

（a）森林　　　　　　　　　　　　　（b）森林的二叉树表示

图 7.19　森林转换为二叉树的过程

可以看到，多于一棵树的森林转换为二叉树后，根节点拥有右子树。

3. 二叉树转换成为树

把二叉树转换成一般树的规则是：

① 二叉树的根仍旧为树的根；

② 对二叉树中的其他节点，某节点的左孩子节点仍是该节点的第一个左孩子节点，如果某节点是其双亲节点的孩子节点，则该节点的右孩子节点、右孩子节点的右孩子节点……，都是该节点的双亲节点的右孩子节点。

图 7.20 所示为二叉树与树之间的转换，具体转换步骤如下。

① 添加双亲连线：如果某节点是其双亲节点的左孩子节点，则把该节点的右孩子节点、右孩子节点的右孩子节点……，都与该节点的双亲节点用线连接。

② 抹除右孩子节点与双亲节点间连线：删除各节点的右孩子节点与双亲节点之间的连线。

③ 旋转调整：整理所有保留的和添加的连线，使每个节点的所有孩子节点位于相同层次。

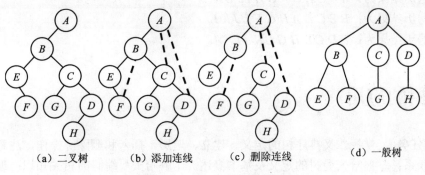

（a）二叉树　　　（b）添加连线　　　（c）删除连线　　　　（d）一般树

图 7.20　二叉树转换为树的过程

4．二叉树转换成为森林

二叉树转换为森林与二叉树转换为树的方法完全相同，只不过根节点的右孩子节点、右孩子节点的右孩子节点……，都不能连接到任何节点，当旋转调整后，原来的根节点的右孩子节点、右孩子节点的右孩子节点……将转换为右子树。

二叉树转换为森林的过程如图 7.21 所示。

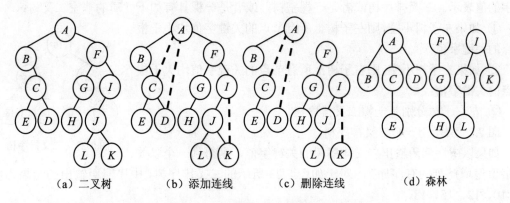

（a）二叉树　　　　（b）添加连线　　　（c）删除连线　　　　（d）森林

图 7.21　二叉树转换为森林的过程

7.7.2　树和森林的遍历

森林由 n（$n \geqslant 0$）棵树 T_1、T_2、…、T_n 组成，即 F=（T_1，T_2，…，T_n）。从结构上，可把任意的森林分成三部分：①第一棵树的根节点；②第一棵树的根节点的子树构成的森林；③除第一棵树 T_1 外其余的树构成的森林。

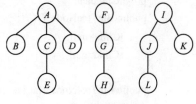

图 7.22　森林

按这三部分的不同排列次序进行遍历，就可以把森林的遍历次序分为前序、中序和后序，为了和二叉树的前序、中序、后序相区别，称森林的不同遍历次序为先根遍历、中根遍历和后根遍历。其遍历过程和二叉树类似。

对如图 7.22 所示的森林进行遍历，结果如下：

先根遍历结果为：$ABCEDFGHIJLK$。
中根遍历结果为：$BECDAHGFLJKI$。
后根遍历结果为：$EDCBHGLKJIFA$。

7.8 树的应用

【学习任务】 掌握二叉排序树的定义、建立、遍历、插入和删除等操作，注意其与线索二叉树的联系；掌握哈夫曼树的定义及基本概述，了解哈夫曼编码的相关知识；理解判断树的概念，了解判断树的算法实现。

7.8.1 二叉排序树

1. 二叉排序树的定义

二叉排序树（Binary Sort Tree）又称二叉查找树（Binary Search Tree），其中的节点由关键字的值表示。二叉排序树或者是一棵空树，或者是一棵具有如下性质的非空二叉树：

① 如果左子树不空,则左子树上所有节点的关键字值均小于根节点的关键字值；

② 如果右子树不空,则右子树上所有节点的关键字值均大于根节点的关键字值；

③ 左右子树分别是一棵二叉排序树。

图 7.23 所示为一个二叉排序树。

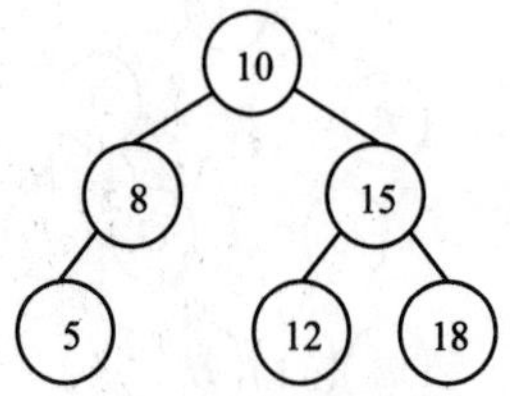

如果以中序遍历输出二叉排序树的关键字值，则得到一个以关键字值递增排列的有序序列。对于如图 7.23 所示的二叉排序树，中序遍历输出的结果为 5、8、10、12、15、18。

图 7.23 二叉排序树

2. 二叉排序树的节点类

为了方便实现二叉排序树的各种操作，二叉排序树的节点采用三叉链存储结构。

```java
public class BinTreeNode3{                    //三叉链节点类
    private BinTreeNode3 lChild,rChild,parent;    //左右孩子、双亲节点引用
    private int data;
    public BinTreeNode3(){                    //无参构造方法
        lChild=null;
        rChild=null;
    }
    public BinTreeNode3(int item){            //带参构造方法
        lChild=null;
        rChild=null;
        data=item;
```

```
    }
    public BinTreeNode3(int item,BinTreeNode3 left,BinTreeNode3 right){
    //构造方法
        data=item;
        lChild=left;
        rChild=right;
    }
    public void setParent(BinTreeNode3 parent){        //设置双亲指针
        this.parent=parent;
    }
    public BinTreeNode3 getParent(){                   //返回双亲指针
        return parent;
    }
    public void setLeft(BinTreeNode3 left){            //设置左孩子指针
        lChild=left;
    }
    public BinTreeNode3 getLeft(){                     //返回左孩子指针
        return lChild;
    }
    public void setRight(BinTreeNode3 right){          //设置右孩子指针
        rChild=right;
    }
    public BinTreeNode3 getRight(){                    //返回右孩子指针
        return rChild;
    }
    public void setData(int data){                     //设置数据域
        this.data=data;
    }
    public int getData(){                              //设置数据域
        return data;
    }
}
```

3.　二叉排序树的建立

研究二叉排序树，应首先研究二叉排序树的构造方法。

二叉排序树的节点采用 BinTreeNode 类，设 $R=\{R_1, R_2, \cdots, R_n\}$ 为输入序列，按如下规则构造二叉排序树。

① 令 R_1 为二叉排序树的根，$R_{root} \leftarrow R_1$，$i \leftarrow 2$。

② 将 R_i（$i=2,\ 3,\ \cdots,\ n$）与 R_{root} 比较。

如果 $R_i < R_{root}$，若 R_{root} .lChild 为空，则令 R_i 为 R_{root} 的左孩子，转步骤③；若 R_{root} .lChild 非空，则令 $R_{root} \leftarrow R_{root}$ .lChild，转步骤②；

如果 $R_i \geqslant R_{root}$，若 R_{root} .rChild 为空，则令 R_i 为 R_{root} 的右孩子，转步骤③；若 R_{root} .rChild 非空，则令 $R_{root} \leftarrow R_{root}$ .rChild，转步骤②。

③ $i \leftarrow i+1$，如果 $i > n$，则结束，否则 $R_{root} \leftarrow R_1$，转步骤②。

把将任意节点 R_a 插入到以 R_{root} 为根的二叉排序树中的过程写成递归过程，算法如下：

```
public void insertBST(BinTreeNode3 Ra, BinTreeNode3 Rroot){
    //将 Ra 插入到以 Rroot 为根的二叉排序树中
    if(Ra.getData()<Rroot.getData()){              //插入到左子树
        if(Rroot.getLeft()==null){                 //左孩子空，Ra 作为左孩子
            Rroot.setLeft(Ra);
            Ra.setParent(Rroot);                   //同时设置双亲指针
        }
        else
            insertBST(Ra,Rroot.getLeft());         //左孩子非空，Ra 插入左子树
    }
    else{                                          //插入到右子树
        if(Rroot.getRight()==null){                //右孩子空，Ra 作为右孩子
            Rroot.setRight(Ra);
            Ra.setParent(Rroot);                   //同时设置双亲指针
        }
        else
            insertBST(Ra,Rroot.getRight());        //右孩子非空，Ra 插入右子树
    }
    return ;
}
public BinSearchTree createSortTree(){             //创建二叉排序树
    BinSearchTree tree = new BinSearchTree();      //创建二叉排序树对象
try {
    int num;
    BufferedReader in = new BufferedReader(new InputStreamReader(System.in));
    num = Integer.parseInt(in.readLine());         //输入整数
    BinTreeNode3 Rroot, Ri;
    Rroot = new BinTreeNode3(num);                 //创建根节点
    num = Integer.parseInt(in.readLine());         //输入整数
    while (num != -1) {                            //当输入的字符是-1 时结束创建
        Ri = new BinTreeNode3(num);                //创建新节点
        insertBST(Ri, Rroot);                      //插入二叉排序树
        num = Integer.parseInt(in.readLine());     //输入整数
    }
    tree.setRoot(Rroot);                           //设置对象根节点
} catch (Exception e) {
    // TODO: handle exception
}
return tree;
}
```

例如，给出 $R=<13，8，23，5，18，9，37，2>$，按上述算法构造的二叉排序树的过程如图 7.24 所示。

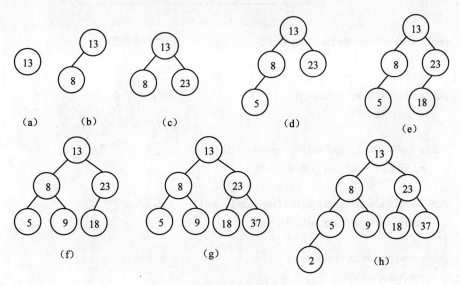

图 7.24 二叉排序树的构造过程

4. 二叉排序树的运算

首先给出二叉排序树类,然后再讨论插入、删除操作。

```
public class BinSearchTree{
    private BinTreeNode3 root;                          //根节点
    public BinSearchTree(){                             //构造方法
        root=null;
    }
    private void preOrder(BinTreeNode3 r,Visit vs){     //前序遍历
        if(r!=null){
            vs.print(new Integer(r.getData()));
            preOrder(r.getLeft(),vs);
            preOrder(r.getRight(),vs);
        }
    }
    private void inOrder(BinTreeNode3 r,Visit vs){      //中序遍历
        if(r!=null){
            inOrder(r.getLeft(),vs);
            vs.print(new Integer(r.getData()));
            inOrder(r.getRight(),vs);
        }
    }
    private void postOrder(BinTreeNode3 r,Visit vs){    //后序遍历
        if(r!=null){
            postOrder(r.getLeft(),vs);
            postOrder(r.getRight(),vs);
            vs.print(new Integer(r.getData()));
```

```
            }
        }
    public void setRoot(BinTreeNode3 r){              //设置根节点
        root=r;
    }
    public BinTreeNode3 getRoot(){                    //返回根节点
        return root;
    }
    public BinTreeNode3 getLeft(BinTreeNode3 curr){   //返回左孩子节点
        return curr!=null?curr.getLeft():null;
    }
    public BinTreeNode3 getRight(BinTreeNode3 curr){  //返回右孩子节点
        return curr!=null?curr.getRight():null;
    }
    public void preOrder(Visit vs){                   //前序遍历
        preOrder(root,vs);
    }
    public void inOrder(Visit vs){                    //中序遍历
        inOrder(root,vs);
    }
    public void postOrder(Visit vs){                  //后序遍历
        postOrder(root,vs);
    }
    public void insert(BinTreeNode3 p,int item){      //插入节点
        …
    }
    public void delete(BinTreeNode3 p, int item) {    //删除节点
        …
    }
}
```

　　在二叉排序树中插入一个新元素，必须保证插入后还是二叉排序树。所以，插入前应该找到合适的插入位置。方法与查找类似，但是需要在从根节点向下查找的过程中，记录下当前节点的双亲节点，便于最终得到新节点的双亲节点，从而方便插入。

```
    public void insert(BinTreeNode3 p,int item){                        //插入节点
        if(item<p.getData()){                                           //比较，获得插入位置
            if(p.getLeft()==null){                                      //插入
                BinTreeNode3 temp=new BinTreeNode3(item);               //生成新节点
                temp.setParent(p);                                      //设置双亲指针
                p.setLeft(temp);                                        //插入节点作为左孩子
            }
            else
                insert(p.getLeft(),item);                               //在左子树插入
        }
        else if(item>p.getData()){                                      //在右子树插入
```

```
            if(p.getRight()==null){                       //插入
                BinTreeNode3 temp=new BinTreeNode3(item);  //生成新节点
                temp.setParent(p);                         //设置双亲节点
                p.setRight(temp);                          //插入节点作为右孩子
            }
            else
                insert(p.getRight(),item);                 //在右子树插入
        }
        return;
    }
```

从二叉树中删除一个节点，也需要查找到被删除节点，并记录该节点的双亲节点，以便于删除操作。

删除节点时分以下几种情况进行讨论：

● 　待删除节点有左、右孩子节点；

● 　待删除节点只有左孩子节点；

● 　待删除节点只有右孩子节点；

● 　待删除节点无左、右孩子节点。

对于上述 4 种情况，相应的删除方法如下。

① 待删除节点 p 有左、右孩子节点时，需要查找到该节点的中序遍历次序的直接后继节点 s，即找到需删除节点的右子树的最左节点；将 s 的值复制到 p；最后删除右子树的最左节点。

② 待删除节点 p 只有左孩子节点时，删除节点 p 并使节点 p 的双亲节点指向节点 p 的左孩子节点。

③ 待删除节点 p 只有右孩子节点，删除节点 p 并使节点 p 的双亲节点指向节点 p 的右孩子节点。

④ 待删除节点 p 没有孩子节点，直接删除节点 p，并将节点 p 的双亲节点所指向节点 p 的指针清空。

```
    public void delete(BinTreeNode3 p, int item){          //删除节点
        if(p!=null){
            if(item<p.getData())                           //在左子树中删除
                delete(p.getLeft(),item);                  //在左子树中递归搜索
            else if(item>p.getData())                      //在右子树中删除
                delete(p.getRight(),item);                 //在右子树中递归搜索
            else if(p.getLeft()!=null && p.getRight()!=null){
                //相等且该节点有左右子树
                BinTreeNode3 temp;
                temp=p.getRight();                         //查找右子树中的直接后继
                while(temp.getLeft()!=null)                //找右子树的最左孩子
                    temp=temp.getLeft();
                p.setData(temp.getData());                 //复制数据域
                delete(p.getRight(),temp.getData());       //递归删除节点 p
            }
```

```
        else{
            if(p.getLeft()==null && p.getRight()!=null){//左子树空
                //节点 p 的双亲节点的右指针指向节点 p 的右孩子节点
                p.getParent().setRight(p.getRight());
                //节点 p 的右孩子节点的双亲指针指向节点 p 的双亲节点
                p.getRight().setParent(p.getParent());
            }
            else if(p.getRight()==null && p.getLeft()!=null){//右子树空
                //节点 p 的双亲节点的左指针指向节点 p 的左孩子节点
                p.getParent().setLeft(p.getLeft());
                //节点 p 的左孩子节点的双亲指针指向节点 p 的双亲节点
                p.getLeft().setParent(p.getParent());
            }
            else{                            //无孩子节点，即叶子节点
                BinTreeNode3 temp=p.getParent();
                if(temp.getLeft()==p)//如果待删除节点在双亲节点的左孩子节点上
                    temp.setLeft(null);    //双亲节点的左孩子指针置空
                else                       //如果待删除节点在双亲节点的右孩子节点上
                    temp.setRight(null);   //双亲节点的右孩子指针置空
            }
        }
    }
}
```

7.8.2 哈夫曼树和哈夫曼编码

1. 哈夫曼树的基本概念

① 路径：在二叉树中，如果存在一个节点序列 K_1、K_2、$\cdots$、K_j，使得 K_i 是 K_{i+1} 的双亲节点（$1 \leqslant i \leqslant j$），则此节点序列称为从 K_1 到 K_j 的路径。

因为树中每个节点只有一个双亲节点，所以该路径也是两个节点之间的唯一路径。

简而言之，从树中一个节点到另一个节点之间的分支构成这两个节点之间的路径。

② 路径长度：从 K_1 到 K_j 所经过的分支数目称为这两个节点之间的路径长度，等于路径上的节点数减 1。简而言之，就是从树中一个节点到另一节点所经过的分支个数叫做这两个节点的路径长度。

如图 7.25（a）所示，从根节点到节点 A 的路径长度是 3。

从根到树中任意节点的路径长度指的是从根节点到该节点的路径上所包含的分支个数。

③ 树的路径长度：从二叉树的根节点到二叉树中所有叶子节点的路径长度之和称为该二叉树的路径长度。

树的内路径长度定义为除叶子节点外，从根到树中其他所有节点的路径长度之和。树的外路径长度定义为从根到树中所有叶子节点的路径长度之和。

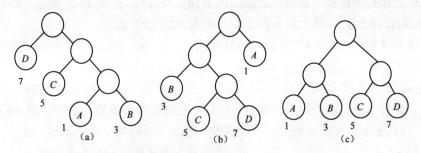

图 7.25　具有不同带权路径长度的二叉树

对于图 7.25 中的 3 棵二叉树，其带权路径长度（WPL）分别为
- WPL=7×1＋5×2＋1×3＋3×3=29
- WPL=1×1＋3×2＋5×3＋7×3=43
- WPL=1×2＋3×2＋5×2＋7×2=32

因此，如图 7.25（a）所示的完全二叉树的带权路径长度最短。

④ 哈夫曼树（Huffman Tree）：又称为最优二叉树，它是 n 个带权的叶子节点构成的所有二叉树中带权路径长度最小的二叉树。

在图 7.25 中，其中图 7.25（a）所示的二叉树的带权路径长度最小，可以验证，该树就是哈夫曼树，并且，从对 3 个图的带权路径长度的计算可以得知，在由 n 个带权的叶子节点所构成的二叉树中，满二叉树不一定是最优二叉树，权值越大的节点离根节点越近的二叉树才是最优二叉树。

2. 哈夫曼树的构造

哈夫曼于 1952 年提出了构造具有最小带权路径长度的扩充二叉树的算法，称为哈夫曼算法，用哈夫曼算法构造的扩充二叉树称为哈夫曼树。

由权值 w={9，3，5，7，6}构造哈夫曼树的步骤如下。

① 构造森林 F={9，3，5，7，6}，如图 7.26（a）所示。

② 从 F 中选择两棵权值最小的树 T_1(3)、T_2(5)，由 T_1 和 T_2 构成一棵新树 T(8)，从森林中删除 T_1 和 T_2，并将 T 插入森林中，如图 7.26（b）所示。

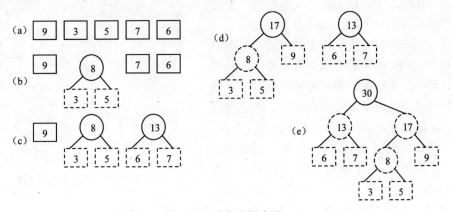

图 7.26　哈夫曼树生成

③ 再从森林 F 中选择两棵权值最小的树 T_1(6)、T_2(7)，由 T_1 和 T_2 构成一棵新树 T(13)，从森林中删除 T_1 和 T_2，并将 T 插入森林中，如图 7.26（c）所示。

④ 再从森林 F 中选择两棵权值最小的树 T_1(8)、T_2(9)，由 T_1 和 T_2 构成一棵新树 T(17)，从森林中删除 T_1 和 T_2，并将 T 插入森林中，如图 7.26（d）所示。

⑤ 最后把剩下的两棵树 T_1(13)、T_2(17)，由 T_1 和 T_2 构成一棵新树 T(30)，从森林中删除 T_1 和 T_2，此时 T 就是所求的具有最小带权路径长度的哈夫曼树，如图 7.26（e）所示。

当然，具有 *n* 个带权节点的最小带权路径长度的二叉树的形状不是唯一的。

设 w={2,3,5,7,11,13,17,19,23,29}，可以采用如下格式描述构造哈夫曼树的过程。

```
 2   3    5    7   11   13   17   19   23   29
     5    5    7   11   13   17   19   23   29
         10    7   11   13   17   19   23   29
              17   11   13   17   19   23   29
              17        24   17   19   23   29
                        24   34   19   23   29
                        24   34   42   29
                             34   42   53
                                  76        53
                                      129
```

上面的数字表示森林中二叉树的根节点的值，每行数字表示不同时刻的森林。以黑体标识的数字表示在森林中选出的权值最小的二叉树，下一行为这两棵树生成的新的二叉树，最后一行是所得的哈夫曼树根节点的值。图 7.27 所示为上面所求的哈夫曼树。

3. 哈夫曼编码

哈夫曼树的应用非常广泛，最常用于解决通信编码问题。

在数据通信中，经常需要将传送的文字转换为由二进制字符 0 和 1 组成的二进制串，把文字转换为二进制字符的过程称为编码。例如要传送的电文是"ABCADCA"，包含 4 个字符，为了区别开这 4 个字符，需要为每个字符使用两位编码表示。现在假定使用 00、01、10、11 分别表示 A、B、C、D，则上述电文翻译为二进制字符串"00011000111000"，长度为 14 位。

而在实际应用中，所希望的是传送电文时的长度尽可能的短。如果对不同字符设计不同长度的编码，且让出现频率高的字符采用尽可能短的编码，则传送电文的总长度就可减少。在上面的电文中，A 出现 3 次，B 出现 1 次，C 出现 2 次，D 出现一次，如果令 A、B、C、D 的编码分别是 0、00、1 和 01，则上述电文的二进制编码为"000100110"，长度为 9 位。但无法翻译，因为

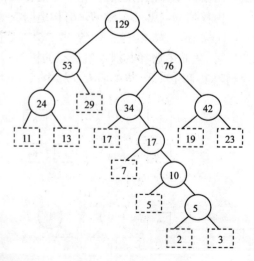

图 7.27　生成的哈夫曼树

会造成混淆，例如 000 可以翻译成 AAA、AB、BA 3 种不同的字符。

所以，设计长度不同的字符编码，不是简单地缩短长度，关键是不引起混淆，即任意字符的编码不是另一个字符的编码的前缀，满足这个条件的编码叫做前缀编码。所谓前缀编码，指的是所编码的字符可通过前缀唯一正确识别并译出。

哈夫曼树可用于构造代码总长度最短的前缀编码，其方法是：设需要编码的字符集合 $\{d_1, d_2, \cdots, d_n\}$，各字符在电文中出现的次数集合为 $\{w_1, w_2, \cdots, w_n\}$，以 $d_1, d_2, \cdots, d_n$ 作为叶子节点、以 $w_1, w_2, \cdots, w_n$ 作为各叶子节点的权值构造一棵哈夫曼树，规定哈夫曼树的左分支为 0、右分支为 1，然后从根节点出发到达每个叶子节点所经过路径的分支组成一个二进制序列，这个序列作为该叶子节点对应字符的编码。这样就会得到代码总长度最短的不等长编码，因为使用哈夫曼树得到，所以称为哈夫曼编码。由于在哈夫曼树中，每个字符节点都是叶子节点，而叶子节点不可能在根节点到其他叶子节点的路径上，所以任何一个字符的哈夫曼编码都不可能是另一个字符的哈夫曼编码的前缀。

对于上述电文，字符 A、B、C、D 出现的次数作为其权值，构造的哈夫曼树如图 7.28 所示。按照编码规则，得到的编码为：A 的编码为 0，B 的编码为 100，C 的编码为 11，D 的编码为 101。上述电文翻译为 "0100110101110"，代码总长度为 13 位。

4. 哈夫曼编码的软件设计

（1）哈夫曼编码的数据结构设计

对于哈夫曼编码问题，为了方便构造哈夫曼树，要求能够方便地从双亲节点找到孩子节点；为了实现哈夫曼编码，又要求能够方便地从孩子节点找到双亲节点，因此把哈夫曼树的节点存储结构设计成双亲孩子存储结构，为了方便寻找各个节点，采用仿真指针实现指针功能，如图 7.28 所示。

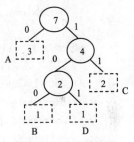

图 7.28 哈夫曼编码

另外，哈夫曼树的节点需要存储权值；在构造哈夫曼树的过程中，为了区分节点是否被访问过，为每个节点增加一个标志域 flag，flag=0 表示该节点尚未加入到哈夫曼树，flag=1 表示该节点已经加入到哈夫曼树中。哈夫曼树的节点结构为

weight	flag	parent	lChild	rChild

从如图 7.28 所示的哈夫曼编码过程可知，从哈夫曼树得到哈夫曼编码需要遍历从根节点到叶子节点的路径上的所有分支。为了存储每个权值对应字符的哈夫曼编码，设计一个数组 codeBit[maxBit]保存从根节点到叶子节点遍历所经路径的分支编码，又由于哈夫曼编码不等长，另设置一个标尺 StartPostion 记录哈夫曼编码在数组中的开始位置。存放哈夫曼编码的数据结构为

StartPosition	codeBit[0]	codeBit[1]	...	codeBit[maxBit-1]

（2）哈夫曼编码的算法实现

哈夫曼树节点类（基于双亲孩子存储结构的仿真指针的节点）如下：

```
public class HuffmanNode{          //哈夫曼树的节点类
    int weight;                    //权值
    int flag;                      //加入标志
    int parent;                    //双亲节点位置下标
```

```java
    int lChild;                              //左孩子节点位置下标
    int rChild;                              //右孩子节点位置下标
    public HuffmanNode(){
    }
}
```

哈夫曼编码类如下：

```java
pubic class HuffmanCode{                     //哈夫曼编码类
    int[] codeBit;                           //存放编码的数组
    int StartPosition;                       //编码开始下标
    int weight;                              //字符的权值
    public HuffmanCode(int n){               //构造方法
        codeBit=new int[n];
        StartPosition=n-1;
    }
}
```

哈夫曼树类如下：

```java
public class HuffmanTree{
    static final int maxValue=10000;         //最大权值
    private int nodeNum;                      //叶子节点个数
    public HuffmanTree(int n){
        nodeNum=n;
    }
    public void CreatHuffmanTree(int[] weight, HuffmanNode[] node){
        //构造哈夫曼树
        int w1,w2,pos1,pos2;     //记录尚未加入哈夫曼树的节点的权和位置
        HuffmanNode temp;
        int n=nodeNum;
        int tempN = n;
        for(int i=0;i<2*n-1;i++){   //初始化哈夫曼树，n 个叶子节点需要 2n-1 个
            temp=new HuffmanNode();
            if(i<n)                          //初始化节点的权
                temp.weight=weight[i];
            else
                temp.weight=0;
                temp.flag=0;                 //初始化节点的标志
                temp.parent=0;               //初始化双亲指针
                temp.lChild=-1;              //初始化左孩子指针
                temp.rChild=-1;              //初始化右孩子指针
                node[i]=temp;                //把节点放入森林
        }
        for(int i=0;i<n-1;i++){              //构造哈夫曼树的 n-1 个非叶子节点
            w1=w2=maxValue;                  //初始化最小权值
            pos1=pos2=0;                     //初始化开始位置
            for(int j=0;j<tempN;j++){        //扫描森林中的 n 个初始叶子节点
```

```
                    //查找尚未加入哈夫曼树的权值最小的两个节点
                    if(node[j].weight<w1 && node[j].flag==0){
                    //当有权值最小的节点存在时
                        w2=w1;                //把当前权值最小的节点的权和位置保存
                        pos2=pos1;
                        w1=node[j].weight;    //记录权值更小的节点的权和位置
                        pos1=j;
                    }
                    else if(node[j].weight<w2 && node[j].flag==0){
                    //当有权值次小的节点存在时
                        w2=node[j].weight;          //记录节点的权和位置
                        pos2=j;
                    }
                }

                //将找到的两个权值最小的子树合并为一棵树并加入森林
                node[pos1].parent=n+i;   //生成的节点是节点 pos1、pos2 的双亲节点
                node[pos2].parent=n+i;
                node[pos1].flag=1;                //把这两个节点设置为已访问
                node[pos2].flag=1;
                //合并生成新节点
                //修改权值
                node[n+i].weight= node[pos1].weight+node[pos2].weight;
                node[n+i].lChild=pos1;            //生成节点的左孩子节点
                node[n+i].rChild=pos2;            //生成节点的右孩子节点
                tempN ++;
            }
            for(int i = 0; i < node.length; i ++)
            {
                System.out.println(",weight="+node[i].weight);

                System.out.println();
            }
        }
    public void GetHuffmanCode(HuffmanNode[] node, HuffmanCode[] hfmcode){
        //由哈夫曼树构造哈夫曼编码
            int n=nodeNum;
            HuffmanCode code;
            int child,parent;
            for(int i=0;i<n;i++){                    //求 n 个叶子节点的哈夫曼编码
                code=new HuffmanCode(n);
                code.StartPosition=n-1;             //初始化编码的位置
                code.weight=node[i].weight;         //复制权值
                child=i;                            //求第 i 个叶子节点的编码
                parent=node[child].parent;          //得到第 i 个叶子节点的双亲节点
```

```
                    while(parent!=0){                    //由叶子节点向根节点遍历编码
                        if(node[parent].lChild==child)
                            code.codeBit[code.StartPosition]=0; //左孩子节点编码为 0
                        else
                            code.codeBit[code.StartPosition]=1; //右孩子节点编码为 1
                        code.StartPosition--;                //编码下一位
                        child=parent;                        //向根节点方向前进一步
                        parent= node[child].parent;
                    }
                    hfmcode[i]=code;                         //保存新生成的第 i 个叶子节点的编码
                }
            }
        }
```

设有字符集{a,b,c,d}，各字符在电文中出现的次数集为{3,1,2,1}，设计各字符的哈夫曼编码的出现如下：

```
    public class example{
        public static void main(String[] args){
            int num=4;
            HuffmanTree oneHuff = new HuffmanTree(num);
            int [] weight={3,1,2,1};
            HuffmanNode[] node = new HuffmanNode[2*num-1];
            HuffmanCode[] huffCode = new HuffmanCode[num];
            oneHuff.CreatHuffmanTree(weight,node);

            oneHuff.GetHuffmanCode(node,huffCode);
            for(int i = 0; i < num; i ++)
            {
                System.out.println("weight="+huffCode[i].weight);
                for(int j = huffCode[i].StartPosition; j < num; j ++)
                {
                    System.out.print ("code ="+huffCode[i].codeBit[j]);
                }
                System.out.println();
            }
            for(int i=0;i<num;i++){
                System.out.print("Weight = "+huffCode[i].weight+", Code = ");
                for(int j=huffCode[i].StartPosition;j<num;j++)
                    System.out.print(huffCode[i].codeBit[j]);
                System.out.println();
            }
        }
    }
```

程序运行的结果为

Weight = 3, Code = 0

Weight = 1, Code = 100
Weight = 2, Code = 11
Weight = 1, Code = 101

表 7.2 至表 7.6 所示为字符集{a,b,c,d}对应次数集{3,1,2,1}构造哈夫曼树及编码的过程。

表 7.2　　　　　　　　　　　　　　　哈夫曼森林初始化

下　标	weight	flag	parent	lChild	rChild
0	3	0	0	-1	-1
1	1	0	0	-1	-1
2	2	0	0	-1	-1
3	1	0	0	-1	-1
4	0	0	0	-1	-1
5	0	0	0	-1	-1
6	0	0	0	-1	-1

表 7.3　　　　　　　　　　　　　　构造权值为 2 的非叶子节点

下　标	weight	flag	parent	lChild	rChild
0	3	0	0	-1	-1
1	1	1	4	-1	-1
2	2	0	0	-1	-1
3	1	1	4	-1	-1
4	2	0	0	1	3
5	0	0	0	-1	-1
6	0	0	0	-1	-1

表 7.4　　　　　　　　　　　　　　构造权值为 4 的非叶子节点

下　标	weight	flag	parent	lChild	rChild
0	3	0	0	-1	-1
1	1	1	4	-1	-1
2	2	1	5	-1	-1
3	1	1	4	-1	-1
4	2	1	5	1	3
5	4	0	0	2	4
6	0	0	0	-1	-1

表 7.5　　　　　　　　　　　　　　　最后的哈夫曼树

下　标	weight	flag	parent	lChild	rChild
0	3	1	6	-1	-1
1	1	1	4	-1	-1

续表

下　标	weight	flag	parent	lChild	rChild
2	2	1	5	-1	-1
3	1	1	4	-1	-1
4	2	1	5	1	3
5	4	1	6	2	4
6	7	0	0	0	5

表7.6　　　　　　　　　　　哈夫曼编码结果

weight	StartPosition	codeBit			
		0	1	2	3
3	3				0
1	1		1	0	0
2	2			1	1
1	1		1	0	1

*7.8.3　判定树

1. 判定树的概念及分析

树的另一种重要应用是做判定。现在考虑著名的八枚硬币问题。设有八枚硬币 a、b、c、d、e、f、g、h，已知其中一枚硬币是假币，只有其重量与其他硬币的不一样，试用天平称出哪枚硬币是假币，要求称的次数为最少，同时要称出假币是轻还是重。

问题的解决需要经过一系列的判断，现在把判定过程以如图 7.29 所示的树来描述，称为判定树。图中的比较（判定）可看做用天平进行称量，比较后的分支即为每次称量后可能出现的结果。图中的叶子节点表示测得的假币情况。

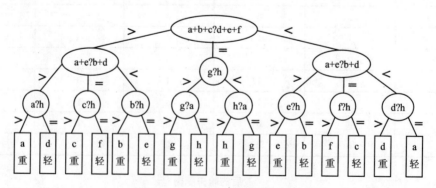

图 7.29　八枚硬币问题的判定树

解决这个问题的最自然的想法就是把硬币分成两组，也就是一分为二。但是，如果一分为三的话，会获得更少的比较次数。

从八枚硬币中任取六枚 a、b、c、d、e、f，在天平两端各放三枚进行比较。假设 a、b、c 三枚放在天平的一端，d、e、f 三枚放在天平的另一端，可能出现如下 3 种比较结果：

- a+b+c > d+e+f；
- a+b+c=d+e+f；
- a+b+c < d+e+f。

现在只以第一种情况讨论。若 a+b+c>d+e+f，根据题目的假设，可以肯定这六枚硬币中必有一枚为假币，同时也说明 g 和 h 为真币。这时可将天平两端各去掉一枚硬币，假设去掉 c 和 f，同时将天平两端的硬币各换一枚，假设硬币 b 和 e 做了互换，然后进行第二次比较，比较的结果同样可能有如下 3 种。

（1）a+e>d+b

这种情况表明天平两端去掉硬币 c、f 且硬币 b、e 互换后，天平两端的轻重关系保持不变，从而说明了假币必然是 a、d 中的一个，这时，只要用一枚真币（例如 h）和 a 或 e 进行比较，就能找出假币。若 a>h，则 a 是较重的假币；若 a=h，则 d 为较轻的假币；不可能出现 a<h 的情况。

（2）a+e=d+b

此时天平两端由不平衡变为平衡，表明假币一定是在去掉的两枚硬币 c、f 中，同样用一枚真币（例如 h）和 c 进行比较，若 c>h，则 c 是较重的假币；若 c=h，则 f 为较轻的假币；不可能出现 c<h 的情况。

（3）a+e<b+d

此时表明由于两枚硬币 b、e 的对换，引起了两端轻重关系的改变，那么可以肯定 b 或 e 中有一枚是假币，同样用一枚真币（例如 h）和 b 进行比较，若 b>h，则 b 是较重的假币；若 b=h，则 e 为较轻的假币；不可能出现 b<h 的情况。

对于结果（2）和（3）的情况，可按照上述方法做类似的分析。图 7.29 所示为判定过程，边线旁边给出的是天平的状态。在八枚硬币中，每一枚硬币都可能是或轻或重的假币，因此共有 16 种结果，反映在树中，则有 16 个叶子节点，从图中可看出，每种结果都需要经过 3 次比较才能得到。

2. 判断树的算法实现

下面给出判断树的算法描述，可根据此算法写出具体的 Java 语言程序。

```
void comp(x,y,z){          //x，y 中有一枚假硬币，且 x>y，将 x 与标准币 z 比较
    if(x>z)
        print("x 是假币，重！");
    else
        print("y 是假币，轻！");
}

void eightCoins(){                  //八枚硬币问题
    input(a,b,c,d,e,f,g,h);         //输入八枚硬币的重量值
    if(a+b+c > +e+f){               //第一次称量
        if(a+e= =b+d)               //第二次称量
```

```
            comp(c,f,h);        //第三次称量
        if(a+e < b+d)
            comp(b,e,h);
        if(a+e > b+d)
            comp(a,d,h);
    }
    if(a+b+c= =d+e+f)
        if(g>h)
            comp(g,h,a);
        else
            comp(h,g,a);
    if(a+b+c < d+e+f){
        if(a+e= =b+d)
            comp(f,c,h);
        if(a+e < b+d)
            comp(d,a,h);
        if(a+e > b+d)
            comp(e,b,h);
    }
}
```

习　题

一、简答题

1. 什么是有序树，什么是无序树？
2. 什么是完全二叉树，什么是满二叉树？
3. 高度为 h 的完全二叉树中，最多有多少个节点，最少有多少个节点？
4. 简述线索二叉树的作用。
5. 设对一棵二叉树进行中序遍历和后序遍历的结果如下，画出该二叉树。

（1）中序遍历结果：$BDCEAFHG$　　　　（2）后序遍历结果：$DECBHGFA$

6. 将如图 7.30 所示的森林转换为二叉树，并说明所得二叉树有多少层。

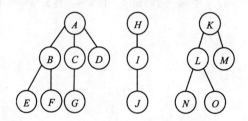

图 7.30　森林

7. 设字符集合 S={A,B,C,D,E,F}，权值集合 W={2,3,5,7,9,12}，对字符集合根据对应权值集合进行哈夫曼编码。

（1）画出构造的哈夫曼树；

（2）计算带权路径长度；

（3）求各字符的哈夫曼编码。

二、实验题

1. 设计层次遍历二叉树的算法。

2. 写出求二叉树深度的程序，并上机验证。

3. 编写判断一棵二叉树是否是完全二叉树的函数。

4. 试写出判断两棵二叉树是否等价的算法。

5. 阅读下面的程序，并说明其功能。

```
public static int sizeOfBinTree(BinTreeNode r){
    if(r==null)
        return 0;
    else
        return sizeOfBinTree(r.getLeft())+sizeOfBinTree(r.getRight())+1;
}
```

6. 阅读下面的程序，并说明其功能。

```
public static void SwapBinTree(BinTreeNode r){
    BinTreeNode temp = null;
    if(r!=null){
        SwapBinTree(r.getLeft());
        SwapBinTree(r.getRight());
        temp.setLeft(r.getLeft());
        r.setLeft(r.getRight());
        r.setRight(temp);
    }
}
```

7. 上机调试哈夫曼树的算法。

三、思考题

1. 二叉树能不能由前序遍历序列和中序遍历序列唯一确定？能不能由中序遍历序列和后序遍历序列唯一确定？能不能由前序遍历序列和后序遍历序列唯一确定？

2. 在排序二叉树中，插入相同数据时应如何处理？

第 8 章 图

【内容简介】

本章主要介绍图的概念、图的存储结构、图的遍历、最小生成树、拓扑排序、关键路径和相关的算法等内容。与线性结构和树形结构相比，图是一种复杂的数据结构，在该结构中，每个节点都可以和其他任何节点连接。图中的任意两个节点之间都可能相关。

【知识要点】

◇ 图的基本概念；

◇ 图的存储结构；

◇ 图的遍历；

◇ 生成树和最小生成树；

◇ 构造最小生成树的典型算法；

◇ 最短路径及其算法；

◇ 拓扑排序及其算法；

◇ AOE 网和关键路径。

【教学提示】

本章共设 14 学时，理论 8 学时，实验 6 学时，重点掌握图的邻接矩阵存储方式和邻接表存储方式，图的深度优先搜索遍历和广度优先搜索遍历，构造最小生成树的思路及其过程，求解最短路径思路及其过程，生成拓扑排序的思路及其过程和求解关键路径思路及其过程，包括图的 DFS、BFS 遍历算法，Prim、Kruskal 最小生成树的构造算法，求解最短路径 Dijkstra 算法；灵活地运用图解决一些综合应用问题。拓扑排序算法和关键路径算法实现可以作为选学内容。

8.1 实例引入

【学习任务】 通过实例引入，了解图结构中多对多的结构特点，为学习后面的知识奠定基础。

【例 8.1】 北京及周边部分城市交通图。

图 8.1 所示为北京及周边地区部分城市交通模拟示意图，从图中可看出，北京市、天津市、承德市、唐山市、保定市、沧州市、廊坊市、张家口市相互之间都可以连通，选取其中

5 个城市及部分线路，抽象出如图 8.2 所示的交通路线图，其对应关系为北京市（A）、承德市（B）、唐山市（C）、保定市（D）、张家口市（E）。

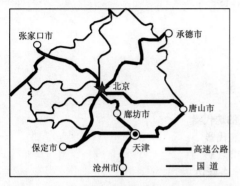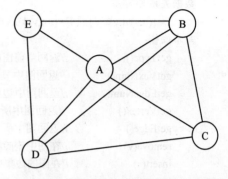

图 8.1　北京及周边部分城市交通模拟示意图　　图 8.2　北京及周边地区交通模拟抽象示意图

从图中可以看出，5 个城市之间都有互相连通的道路，形成了一个多对多的关系，也称为图形关系，或者网状关系。

本章将重点介绍图形的相关知识。

8.2　图的基本概念

【学习任务】　掌握图的相关概念，结合实例重点理解图定义中的两个基本要素，以及相关概念之间的联系。

在实际生活中，图的应用也极为广泛，已渗透到诸如语言学、逻辑学、物理、系统工程、控制论、人工智能、计算机学科等许多领域中，人们都将图作为解决问题的数学手段之一。

8.2.1　图的定义

图（Graph）是一种网状数据结构，图是由节点（Vertices）集合 V 和边（Edges）集合 E 组成的。图中的节点又称为顶点。节点之间的关系称为边。图 G 的二元组定义如下：

$$G = (V,E)$$

其中，V 是节点的有限非空集合，E 是边的有限集合，即

$$V=\{u|u\in 构成图的数据元素集合\}$$

$$E=\{(u,v)|u,v\in V\} \text{ 或 } E=\{<u,v>| u,v\in V\}$$

其中，(u,v) 表示节点 u 与节点 v 的一条无序偶，即(u,v)没有方向；而<u,v>表示从节点 u 到节点 v 的一条有序偶，即<u,v>是有方向的。

通常，图 G 的节点集合和边集合分别记为 V(G)和 E(G)。E(G)可以是空集，此时图 G 只有节点没有边。

图的抽象数据类型定义如下：

```
    ADT Graph{
        数据对象 V:
            V={v_i|0≤i≤n-1，n≥0，v_i∈某种数据结构}
        数据关系 E:
            E={(u,v)|u,v∈V}或 E={<u,v>| u,v∈V};
        基本操作:
            getType()          //返回当前图的类型
            getVexNum()        //返回图中节点数
            getEdgeNum()       //返回图中边数
            getVertex()        //返回图中所有节点的迭代器
            getEdge()          //返回图中所有边的迭代器
            remove(v)          //在图中删除特定的节点 v
            insert(e)          //在图的边集中添加一条新边
            …
            adjVertexs(u)      //返回节点 u 的所有邻接点
            DFSTraverse(v)     //从节点 v 开始深度优先搜索遍历图
            BFSTraverse(v)     //从节点 v 开始广度优先搜索遍历图
            shortestPath(v)    //求从节点 v 到图中所有节点的最短路径
            generateMST()      //求无向图的最小生成树，有向图不支持此操作
            toplogicalSort()   //求有向图的拓扑序列
    }ADT Graph
```

对应于上述抽象数据类型，下面给出图的 Java 接口:

```
public interface Graph {
    public static final int UndirectedGraph = 0;      //无向图
    public static final int DirectedGraph = 1;        //有向图
    public int getType();              //返回图的类型
    public int getVexNum();            //返回图的顶点数
    public int getEdgeNum();           //返回图的边数
    public Iterator getVertex();       //返回图的所有顶点
    public Iterator getEdge();         //返回图的所有边
    …
    //返回从节点 u 出发可以直接到达的邻接点
    public Iterator adjVertexs(Vertex u);
    public Iterator DFSTraverse(Vertex v); //对图进行深度优先遍历
    public Iterator BFSTraverse(Vertex v); //对图进行广度优先遍历
    public Iterator shortestPath(Vertex v); //求顶点 v 到其他顶点的最短路径
    //求无向图的最小生成树，有向图不支持此操作
    public void generateMST() throws UnsupportedOperation;
    //求有向图的拓扑序列
    public Iterator toplogicalSort() throws UnsupportedOperation;
}
```

其中 UnsupportedOperation 是调用图不支持的操作时抛出的异常，定义如下:

```
public class UnsupportedOperation extends RuntimeException {
    public UnsupportedOperation(String err) {
        super(err);
```

```
    }
}
```

8.2.2　图的相关概念

1. 无向图

在一个图 G 中，如果两个节点之间构成的 $(u,v) \in E$ 是无序偶，称该边是无向边。全部由无向边构成的图，称为无向图（Undirected Graph）。

说明：用圆括号将一对节点括起来表示无向边，例如（x,y）与（y,x）表示同一条边。如图 8.3（a）所示，G1 为无向图，G1 的节点集合 V 和边集合 E 分别表示为

$$V(G1) = \{1, 2, 3, 4\}$$
$$E(G1) = \{(1,2),(1,3),(2,3),(2,4),(3,4)\}$$

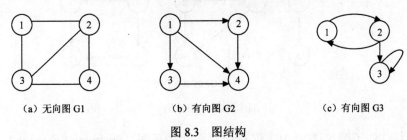

(a) 无向图 G1　　　　　　(b) 有向图 G2　　　　　　(c) 有向图 G3

图 8.3　图结构

2. 有向图

在图中，如果两个节点之间构成的 $<u,v> \in E$ 是有序偶，称为该边为有向边，也称为弧（Arc）。例如 $<u,v>$，u 称为边的起点（Initial Node）或弧尾，v 称为边的终点（Terminal Node）或弧头。全部由有向边组成的图，称为有向图（Directed Graph）。如图 8.3（b）、（c）所示，G2 和 G3 都是有向图。G2 和 G3 的节点集合 V 和边集合 E 可分别表示为

$V(G2) = \{1, 2, 3, 4\}$

$E(G2) = \{<1,2>,<1,3>,<1,4>,<2,4>,<3,4>\}$

$V(G3) = \{1, 2, 3\}$

$E(G3) = \{<1,2>,<2,1>,<2,3>,<3,3>\}$

其中，G3 中的 $<3,3>$ 为自身环。

3. 完全图

在具有 n 个节点的无向图 G 中，其边的最大数目为 $n \times (n-1)/2$，当边数为最大值时，则称图 G 为无向完全图（Undirected Complete Graph）。

在具有 n 个节点的有向图 G 中，其边的最大数目为 $n \times (n-1)$，当有向图 G 的边数为最大值时，则称图 G 为有向完全图（Directed Complete Graph）。

4. 稠密图和稀疏图

当一个图接近完全图时，则称该图为稠密图（Dense Graph）；相反，当一个图含有较少

的边数时，则称该图为稀疏图（Sparse Graph）。

5. 子图

设有两个图 G=(V,E)和 G'=(V',E')，如果 V'是 V 的子集，即 V'⊆V，而且 E'是 E 的子集即 E'⊆E，则称 G'为 G 的子图（Subgraph），即子图就是图 G 中的部分集合。例如，图 8.3 所示的无向图 G1 和有向图 G2 的部分子图，如图 8.4 所示。

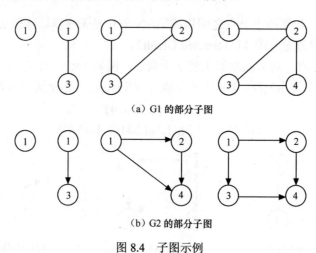

(a) G1 的部分子图

(b) G2 的部分子图

图 8.4　子图示例

如果 G'为 G 的子图，且 V'=V，称 G'为 G 的生成子图（Spanning Subgraph），即 V'=V，且 E'⊆E。

6. 权和网

在一个图中，每条边可以标上具有某种含义的数值，此数值称为该边上的权（Weight），通常权是一个非负实数。权可以表示从一个节点到另一个节点的距离、花费的代价或时间等含义。边上标有权的图称为网（Network），也称为带权图（Weighted Graph），如图 8.5 所示。

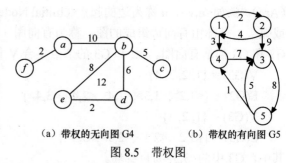

（a）带权的无向图 G4　　（b）带权的有向图 G5

图 8.5　带权图

7. 邻接点

在一个无向图中，若存在一条边(v_i,v_j)，则称节点 v_i、v_j 互为邻接点（Adjacent）。边(v_i,v_j)是节点 v_i 和 v_j 相关联的边，节点 v_i 和 v_j 是边（v_i,v_j）相关联的节点。

在一个有向图中，若存在一条边$<v_i,v_j>$，则称节点 v_i、v_j 互为邻接点。边$<v_i,v_j>$是节点 v_i 和 v_j 相关联的边，节点 v_i 和 v_j 是边$<v_i,v_j>$相关联的节点。

8. 节点的度

节点的度（Degree）是图中与节点 v 相关联边的数目，记为 $D(v)$。例如，在如图 8.3（a）

所示的无向图 G1 中，节点 1 的度为 2，记为 $D(v_1)$=2。度为 1 的节点称为悬挂点（Pendant Nodes）。

在有向图中，节点 v 的度有入度和出度之分，以 v 为终点的弧的数目称为入度（In Degree），记为 $ID(v)$；以 v 为起点的弧的数目称为出度（Out Degree），记为 $OD(v)$。出度为 0 的节点称为终端节点或叶子节点。节点的度等于它的入度和出度之和，即

$$D(v) = ID(v) + OD(v)$$

例如，在如图 8.5（b）所示的有向图 G5 中，节点 5 的入度 $ID(v_5)$=1，出度 $OD(v_5)$=2，度 $D(v_5)$=3。

如果一个图中有 n 个节点和 e 条边，则该图所有顶点的度 $D(v_i)$ 与边数 e 满足如下关系：

$$e = \frac{1}{2}\sum_{i=1}^{n}D(v_i)$$

该式表示度与边的关系。每条边连接着两个节点，所以全部节点的度数为所有边数的 2 倍。

9. 路径与回路

在一个图 G 中，路径（Path）是从节点 u（u∈V（G））到节点 v（v∈V（G））所经过的节点序列，路径长度是指该路径上边的数目。如果在一条路径上，序列中的所有节点均不同，则称该路径为简单路径。如果在一条路径上，起点和终点两个节点相同，则该路径被称为回路（Cycle）或环。除了第一个节点和最后一个节点相同，其余节点不重复出现的回路称为简单回路或简单环。

例如在如图 8.6 所示的有向图 G6 中，从节点 v_1 到节点 v_5 的路径为<v_1,v_2>，<v_2,v_3>，<v_3,v_5>，缩写简记为{v_1,v_2,v_3,v_5}，路径的长度为 3，而且该路径属于简单路径。{$v_1,v_2,v_4,v_1,v_2,v_3,v_5$}不是简单路径，因为在这条路径中节点 v_1 和节点 v_2 重复出现。{v_1,v_2, v_4,v_1}就是一条简单回路，路径长度为 3。

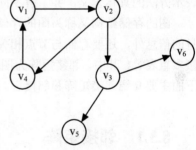

图 8.6　有向图 G6

另外，在带权图中，从起点到终点的路径上各条边上的权值之和，称为该路径长度。例如，如图 8.5（b）所示的带权图 G5，从节点 1 到节点 5 的一条路径{v_1,v_2,v_3,v_5}的路径长度为 2+9+8=19。

10. 连通、连通图和连通分量

在无向图 G 中，如果从节点 v_i 到节点 v_j 有路径，则称 v_i 与 v_j 是连通（Connected）的。若在图 G 中，任意两个不同的节点都连通，则称 G 为连通图（Connected Graph）；否则，称为非连通图。无向图 G 的极大连通子图，称为图 G 的连通分量（Connected Component）。显然，任何连通图的连通分量只有一个，即本身；而非连通图可能有多个连通分量，例如图 8.5（a），无向图 G4 有两个连通分量 C1 和 C2，如图 8.7（a）所示。

11. 强连通图和强连通分量

在有向图 G 中，如果任意两个节点 v_i 和 v_j，从节点 v_i 到节点 v_j 有路径，同时，从节点

v_j 到节点 v_i 也有路径，则称图 G 是强连通图（Strongly Connected Graph）。有向图 G 中的极大强连通子图称为图 G 的强连通分量。显然，强连通图只有一个强连通分量，即本身；非强连通图可能有多个强连通分量。图 8.7（b）所示为强连通有向图。

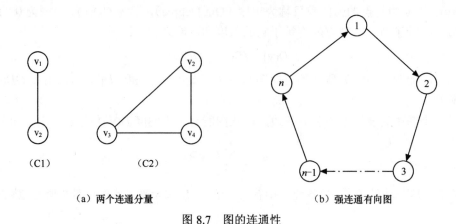

（a）两个连通分量   （b）强连通有向图

图 8.7　图的连通性

8.3　图的存储结构

【学习任务】　掌握无向图、有向图和带权图的邻接矩阵和邻接表的存储方式，理解每种表示方法的具体含义，并了解不同表示方法之间的联系。

图的存储结构又称为图的存储表示或图的表示。图的存储结构除了存储图中各个节点本身的信息外，还要存储与节点相关联边的信息。图的常见存储结构有邻接矩阵、邻接表、邻接多重表等，其中，邻接矩阵为图的顺序存储结构，邻接表和邻接多重表属于链式存储结构。下面主要介绍邻接矩阵和邻接表。

8.3.1　邻接矩阵

图的邻接矩阵（Adjacentcy Matrix）是表示节点之间相邻关系的矩阵。设图 G=(V,E) 具有 n（$n \geqslant 1$）个节点，节点的顺序依次为 $\{v_0,v_1,\cdots,v_{n-1}\}$，则图 G 的邻接矩阵 A 是一个 n 阶方阵，定义如下：

$$A[i][j] = \begin{cases} 1 & <v_i,v_j> \in E(G) \text{或} (v_i,v_j) \in E(G) \\ 0 & <v_i,v_j> \notin E(G) \text{或} (v_i,v_j) \notin E(G) \end{cases}$$

例如，如图 8.8 所示的无向图 G7 和有向图 G8，对应的邻接矩阵分别为 A_1 和 A_2。

$$A_1 = \begin{bmatrix} 0 & 1 & 1 & 1 \\ 1 & 0 & 0 & 1 \\ 1 & 0 & 0 & 1 \\ 1 & 1 & 1 & 0 \end{bmatrix} \qquad A_2 = \begin{bmatrix} 0 & 1 & 1 & 0 \\ 0 & 0 & 0 & 1 \\ 0 & 0 & 0 & 1 \\ 1 & 0 & 0 & 0 \end{bmatrix}$$

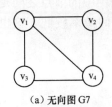
(a) 无向图 G7

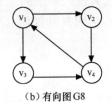
(b) 有向图 G8

图 8.8 无向图 G7 和有向图 G8

从邻接矩阵 A_1 和 A_2 不难看出，无向图的邻接矩阵是对称矩阵；有向图的邻接矩阵不一定对称。

存储邻接矩阵表示一个有 n 个节点的图，需要 n^2 个存储单元。不带权的有向图的邻接矩阵一般来说是一个稀疏矩阵，当图的节点较多时，可以采用三元组表的方法存储邻接矩阵。

对于一个带权图 G，设 w_{ij} 代表边(v_i,v_j)或$<v_i,v_j>$上的权值，则图 G 的邻接矩阵 A 定义如下：

$$A[i][j]=\begin{cases} w_{ij} & <v_i,v_j>\in E(G)或(v_i,v_j)\in E(G) \\ 0 & v_i=v_j \\ \infty & <v_i,v_j>\notin E(G)或(v_i,v_j)\notin E(G) \end{cases}$$

例如，图 8.5 所示的带权图 G4 和 G5，对应的邻接矩阵分别为 A_3 和 A_4。

$$A_3=\begin{bmatrix} 0 & 10 & \infty & \infty & \infty & 2 \\ 10 & 0 & 5 & 6 & 8 & \infty \\ \infty & 5 & 0 & \infty & 12 & \infty \\ \infty & 6 & \infty & 0 & 2 & \infty \\ \infty & 8 & 12 & 2 & 0 & \infty \\ 2 & \infty & \infty & \infty & \infty & 0 \end{bmatrix} \qquad A_4=\begin{bmatrix} 0 & 2 & \infty & 3 & \infty \\ 4 & 0 & 9 & \infty & \infty \\ \infty & \infty & 0 & \infty & 8 \\ \infty & \infty & 7 & 0 & \infty \\ \infty & \infty & 5 & 1 & 0 \end{bmatrix}$$

用邻接矩阵表示图，很容易判断任意两个节点之间是否有边，并容易求出各个节点的度。对于无向图，邻接矩阵的第 i 行或第 i 列的非零元素正好是第 i 个节点 v_i 的度；对于有向图，邻接矩阵的第 i 行的非零元素的个数正好是第 i 个节点 v_i 的出度；第 i 列的非零元素的个数正好是第 i 个节点 v_i 的入度。

对于一个具有 n 个节点的图 G 来说，可以将图 G 的邻接矩阵存储在一个二维数组 matrix1 中，声明一个 MGraph1 类，表示如下：

```
public class MGraph1{              //使用邻接矩阵存储图类
    protected int n;               //图的节点个数
    protected int matrix1[][];     //利用二维数组存储图的邻接矩阵
}
```

图的邻接矩阵表示是唯一的。用邻接矩阵存储图，虽然能很好地确定图中的任意两个节点之间是否有边，但是，要确定图中有多少条边，则必须按行、按列对每个数据元素进行检测，花费的时间代价较大。不论是求任意一个节点的度，还是查找任意一节点的邻接点，都需要访问对应的一行或一列中的所有元素，其时间复杂度为 $O(n)$，n 为邻接矩阵的阶数。对于节点为 n 的图来说，从空间上看，不论图中的节点之间是否有边，都要在邻接矩阵中预留存储空间，其空间复杂度为 $O(n^2)$，空间效率较低。这也是邻接矩阵存储图的局限性。

8.3.2 邻接表

邻接表（Adjacentcy List）是图的一种链式存储方法，邻接表表示类似于树的孩子链表表示。在邻接表中，对于图 G 中的每个节点 v_i 建立一个单链表，第 i 个单链表中的节点表示依附于节点 v_i 的边（对于有向图就是以节点 v_i 为尾的弧），即将所有邻接于节点 v_i 的节点链成一个单链表，并在表头附设一个表头节点，这个单链表就称为节点 v_i 的邻接表。

邻接表包括两部分：表头节点和表节点。其节点结构如下：

表头节点包括 data 和 firstarc 两个成员。data 表示节点数据元素的信息；firstarc 表示指向链表中的第 1 个节点。

表节点包括 adjvex、nextarc 和 info 3 个成员。adjvex 指示与节点 v_i 邻接的点在图中的位置；nextarc 指示下一条边或弧的节点；info 存储与边相关的信息，如权值等。图中的每个节点用表节点表示，表节点中都对应与该节点相关联的一条边。

例如，如图 8.8 所示的无向图 G7、有向图 G8 和如图 8.5 所示的带权有向图 G5 对应的邻接表分别如图 8.9（a）、（b）和（c）所示。

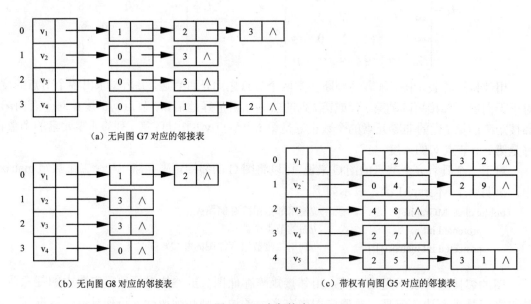

（a）无向图 G7 对应的邻接表

（b）无向图 G8 对应的邻接表　　　　　（c）带权有向图 G5 对应的邻接表

图 8.9　3 个邻接表

邻接表具有以下特点。

① 邻接表的表示不是唯一的。因为在每个节点的邻接表中，各边节点的链接次序可以随意安排，取决于建立邻接表的算法及边的输入次序。

② 在无向图的邻接表中，节点 v_i 的度恰为该节点的邻接表中边节点的个数；而在有向图中，节点 v_i 的邻接表中边节点的个数仅为该节点的出度。有向图中节点的入度，可以通过建立一个有向图的逆邻接表得出。

③ 对于有 n 个节点和 e 条边的无向图，其邻接表有 n 个节点和 $2e$ 个边节点。显然，在边数小于 $n×(n-1)/2$ 时，邻接表比邻接矩阵节省存储空间。

8.4　图的遍历

【学习任务】　熟练掌握深度优先搜索遍历和广度优先搜索遍历算法的过程及其算法，结合栈和队列的知识，掌握利用 Java 语言实现算法的思想。

与二叉树的遍历类似，遍历也是图的基本操作。图的遍历（Traversing Graph）是指从图中的某个节点出发，对图中所有节点访问且只能访问一次的过程。常见的遍历有深度优先搜索遍历（DFS）和广度优先搜索遍历（BFS）两种方式，二者对无向图和有向图都适用。

8.4.1　深度优先搜索遍历

深度优先搜索遍历（Depth First Search，DFS）类似于树的先根遍历，是树先根遍历的推广。

1．算法描述

从图中的某个节点 v 开始访问，访问它的任意一个邻接节点 w_1；再从 w_1 出发，访问与 w_1 邻接但还没有被访问过的节点 w_2；然后再从 w_2 出发，进行类似的访问……如此进行下去，直至所有的邻接点都被访问过为止。接着，退回一步，退到前一次刚访问过的节点，看是否还有其他没有被访问的邻接点。如果有，则访问此节点，之后再从此节点出发，进行与前述类似的访问。重复上述过程，直到连通图中的所有节点都被访问过为止。

遍历的过程是一个递归的过程。

例如，如图 8.10（a）所示的无向图 G9 进行深度优先搜索遍历的过程如图 8.10（b）所示。

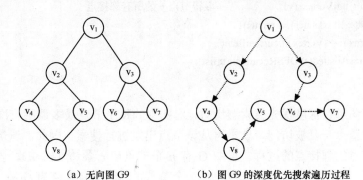

（a）无向图 G9　　　　　　　（b）图 G9 的深度优先搜索遍历过程

图 8.10　深度优先搜索遍历的过程

假定 v_1 是出发点，首先访问 v_1。因 v_1 有两个邻接点 v_2、v_3 均未被访问过，选择访问节点 v_2，再找 v_2 的未被访问过的邻接点 v_4、v_5，选择访问节点 v_4。重复上述搜索过程，依次访问节点 v_8、v_5。v_5 被访问过后，由于与 v_5 相邻的顶点均已被访问过，搜索退回到节点 v_8。节点 v_8 的邻接点 v_4、v_5 也被访问过；同理，依次退回节点 v_4、v_2，最后退回到节点 v_1。这时选择节点 v_1 的未被访问过的邻接点 v_3，继续搜索，依次访问节点 v_3、v_6、v_7，从而遍历图中全部节点。这就是深度优先搜索遍历的整个过程，得到的节点的深度遍历序列为

$$\{v_1, v_2, v_4, v_8, v_5, v_3, v_6, v_7\}$$

图的深度优先搜索遍历的过程是递归的。深度优先搜索遍历图所得的节点序列，定义为图的深度优先遍历序列，简称 DFS 序列。一个图的 DFS 序列不一定是唯一的。

2. 图的深度优先搜索算法实现

从某个节点 v 出发的深度优先搜索过程是一个递归的搜索过程，因此可简单地使用递归算法实现。在遍历的过程中，必须对访问过的节点做标记，避免同一节点被多次访问。深度优先搜索算法的具体实现如下。

算法 8.1：图的非递归深度优先搜索算法和递归深度优先搜索算法

```
//对图进行深度优先搜索遍历
public Iterator DFSTraverse(Vertex v) {
    LinkedList traverseSeq = new LinkedListDLNode();
    resetVexStatus();                    //重置节点状态
    DFS(v, traverseSeq);                 //从节点 v 点出发深度优先搜索
    Iterator it = getVertex();           //从图中未曾访问的其他节点出发重新搜索
    for(it.first(); !it.isDone(); it.next()){
        Vertex u = (Vertex)it.currentItem();
        if (!u.isVisited()) DFS(u, traverseSeq);
    }
    return traverseSeq.elements();
}
//深度优先的递归算法
private void DFSRecursion(Vertex v, LinkedList list){
    v.setToVisited();
    list.insertLast(v);
    Iterator it = adjVertexs(v);         //取得节点 v 的所有邻接点
    for(it.first(); !it.isDone(); it.next()){
        Vertex u = (Vertex)it.currentItem();
        if (!u.isVisited()) DFSRecursion(u,list);
    }
}
```

在算法中对图进行深度优先搜索遍历时，对图中的每个节点最多调用一次 DFSRecursion 方法，因为某个节点一旦被访问，就不再从该节点出发进行搜索。因此，遍历图的过程实际就是查找每个节点的邻接点的过程。设图 G 有 n 个节点和 e 条边（$e \geq n$），当存储结构采用邻接矩阵存储时，需要扫描邻接矩阵中的每一个节点，其时间复杂度为 $O(n)$；当存储结构采用邻接表时，需要扫描邻接表中的每个边节点，所以其时间复杂度为 $O(e)$；两者的空间复杂

度都为 $O(n)$。

【例 8.2】 无向图的深度优先搜索遍历示例。

分析：根据深度优先搜索遍历的算法，从某个节点开始访问，可以用如下步骤实现。

① 对于某个节点如果可能，则访问该节点未被访问的其中一个邻接点，输出该节点，并把该节点放入栈中，给予标记。

② 当步骤①不能执行而且栈不为空时，从栈中弹出一个节点。

③ 如果步骤①和步骤②都不能执行时，就完成了图的深度优先搜索遍历。

参考程序如下：

```java
import java.util.Stack;

class Vertex{
    public char label;
    public boolean wasVisited;

    public Vertex(char lab){
        label = lab;
        wasVisited = false;
    }
}

class Graph{
    private final int MAX_VERTS = 20;
    private Vertex vertexList[];        //邻接点
    private int adjMat[][];             //邻接矩阵
    private int nVerts;                 //节点数
    private Stack<Integer> theStack;

    public Graph(){
        vertexList = new Vertex[MAX_VERTS];
        adjMat = new int[MAX_VERTS][MAX_VERTS];        //邻接矩阵
        nVerts = 0;
        for(int y=0; y<MAX_VERTS; y++)
            for(int x=0; x<MAX_VERTS; x++)
                adjMat[x][y] = 0;
        theStack = new Stack<Integer>();
    }

    public void addVertex(char lab) {
        vertexList[nVerts++] = new Vertex(lab);
    }

    public void addEdge(int start, int end) {
        adjMat[start][end] = 1;
```

```
        adjMat[end][start] = 1;
        }

    public void displayVertex(int v){
        System.out.print(vertexList[v].label);
        }

    public void DFS(){                      //深度优先搜索
        vertexList[0].wasVisited = true;    //标记
        displayVertex(0);                   //输出
        theStack.push(0);                   //压栈
        while( !theStack.isEmpty() ) {      //栈不为空
            int v = getAdjUnvisitedVertex(theStack.peek());
            if(v == -1)
                theStack.pop();
            else{
                vertexList[v].wasVisited = true;
                displayVertex(v);
                theStack.push(v);
                }
            }
            // 栈为空，则搜索完毕
        for(int j=0; j<nVerts; j++)
            vertexList[j].wasVisited = false;
        }

    public int getAdjUnvisitedVertex(int v){
        for(int j=0; j<nVerts; j++)
            if(adjMat[v][j]==1 && vertexList[j].wasVisited==false)
                return j;
        return -1;
        }
    }

class DFSApp {
    public static void main(String[] args){
        Graph theGraph = new Graph();
        theGraph.addVertex('A');     // 0
        theGraph.addVertex('B');     // 1
        theGraph.addVertex('C');     // 2
        theGraph.addVertex('D');     // 3
        theGraph.addVertex('E');     // 4
        theGraph.addEdge(0, 1);      // AB
        theGraph.addEdge(1, 2);      // BC
        theGraph.addEdge(0, 3);      // AD
```

```
        theGraph.addEdge(3, 4);        // DE
        System.out.print("遍历的结果：");
        theGraph.DFS();
        System.out.println();
    }
}
```

程序运行的结果为

遍历的结果：ABCDE

8.4.2　广度优先搜索遍历

广度优先搜索遍历（Breadth First Search，BFS）类似于树的层次遍历，是树的层次遍历的推广。

从图中的某个节点 v 开始访问，依次访问节点 v 的各个未被访问过的邻接点 w_1、w_2、…然后依次顺序访问节点 w_1、w_2，…的各个还未被访问过的邻接点。再从这些访问过的节点出发，依次访问它们的所有还未被访问过的邻接点……重复上述过程，直到图中的所有节点都被访问过为止。也就是说：广度优先搜索遍历的过程是一个以节点 v 为起始点，由近及远，依次访问和节点 v 有路径相通且路径长度为 1、2、3…的节点，且遵循先被访问的节点，其邻接点就先被访问。

广度优先搜索是一种分层的搜索过程，每向前走一步就可能访问一批节点，不像深度优先搜索那样有回退的情况。因此，广度优先搜索不是一个递归的过程。

在广度优先搜索遍历中，需要使用队列，依次记住被访问过的节点。

算法开始时，访问初始节点 v，并插入队列中，以后每从队列中删除一个元素，就依次访问它的每一个未被访问过的邻接点，并令其进入队列。这样，当队列为空时，表明所有与起点相通的节点都已被访问完毕，算法结束。

例如，对如图 8.10（a）所示的无向图 G9 从节点 v_1 出发进行广度优先搜索遍历的过程如下。

首先，访问起点 v_1。节点 v_1 有两个未曾访问的邻接点 v_2 和 v_3。先访问节点 v_2，再访问节点 v_3。然后，再访问节点 v_2 未曾访问过的邻接点 v_4、v_5 及节点 v_3 未曾访问过的邻接点 v_6 和 v_7，最后访问节点 v_4 未曾访问过的邻接点 v_8。至此图中所有顶点均已被访问过。得到的顶点访问序列为

$$\{v_1, v_2, v_3, v_4, v_5, v_6, v_7, v_8\}$$

其队列操作过程如下。

① 首先，从节点 v_1 开始广度优先搜索，将节点 v_1 存入队列中。

v_1									

② 将节点 v_1 从队列中取出，将节点 v_1 的邻接点 v_2 和 v_3 依次存入队列中。

	v_2	v_3							

③ 将节点 v_2 从队列中取出，然后，按照先访问节点 v_2 未曾被访问过的邻接点，再访问节点 v_3 未曾被访问过的邻接点的次序，即取出节点 v_2，将其邻接点 v_4 和 v_5 依次存入队列中。

		v_3	v_4	v_5					

④ 将节点 v_3 从队列中取出，再将节点 v_3 未曾访问过的邻接点 v_6 和 v_7 存入队列中。

				v_4	v_5	v_6	v_7		

⑤ 同理，将节点 v_4 从队列中取出，再将节点 v_4 未曾访问过的邻接点 v_8 存入队列中。

					v_5	v_6	v_7	v_8	

⑥ 同理，将节点 v_5 从队列中取出，访问节点 v_5 的邻接点，由于节点 v_5 的邻接点 v_2 和 v_8 已被访问过，不必存入队列。

						v_6	v_7	v_8	

⑦ 同理，按照先访问节点 v_6 未曾访问过的邻接点，再访问节点 v_7 未曾访问过的邻接点，最后访问节点 v_8 未曾访问过的邻接点的次序，由于节点 v_6、v_7 和 v_8 的邻接点都被访问过。将节点 v_6、v_7 和 v_8 依次从队列中取出。此时队列为空，广度优先搜索遍历结束，节点出队的顺序，就是广度优先搜索遍历的序列，即

$$\{v_1,v_2,v_3,v_4,v_5,v_6,v_7,v_8\}$$

广度优先搜索遍历图所得的节点序列，定义为图的广度优先遍历序列，简称 BFS 序列。一个图的 BFS 序列不是唯一的。因为广度优先搜索时，一个节点可以从多个邻接点中选择某个邻接点进行广度优先搜索遍历。但是，在给定了起点及图的存储结构时，BFS 算法所给出 BFS 序列就是唯一的。

算法 8.2：图的广度优先搜索算法

```
//对图进行广度优先搜索遍历
public Iterator BFSTraverse(Vertex v) {
    LinkedList traverseSeq = new LinkedListDLNode();
    resetVexStatus();            //重置节点状态
    BFS(v, traverseSeq);         //从节点 v 出发进行广度优先搜索
    Iterator it = getVertex();   //从图中未曾访问的其他节点出发重新搜索
    for(it.first(); !it.isDone(); it.next()){
        Vertex u = (Vertex)it.currentItem();
        if (!u.isVisited()) BFS(u, traverseSeq);
    }
    return traverseSeq.elements();
}
private void BFS(Vertex v, LinkedList list){
    Queue q = new QueueSLinked();
    v.setToVisited();
    list.insertLast(v);
```

```
            q.enqueue(v);
            while (!q.isEmpty()){
                Vertex u = (Vertex)q.dequeue();
                Iterator it = adjVertexs(u);
                for(it.first(); !it.isDone(); it.next()){
                    Vertex adj = (Vertex)it.currentItem();
                    if (!adj.isVisited()){
                        adj.setToVisited();
                        list.insertLast(adj);
                        q.enqueue(adj);
                    }   //if
                }   //for
            }   //while
        }
```

在上述算法中，每个节点最多入队、出队一次，广度优先搜索遍历图的过程实际就是寻找队列中节点邻接点的过程，当图采用邻接矩阵存储时，其时间复杂度为 $O(n^2)$；如果采用邻接表存储结构时，其时间复杂度为 $O(e)$；两者的空间复杂度均为 $O(n)$。

【例 8.3】　无向图的广度优先搜索遍历示例。

```
import java.util.Queue;
import java.util.PriorityQueue;

class Vertex{
    public char label;
    public boolean wasVisited;

    public Vertex(char lab){
        label = lab;
        wasVisited = false;
    }
}
/*Graph 类的 BFS()方法和 DFS()方法类似的，只是用队列代替了栈，嵌套的循环代替了单层循环。
外层循环等待队列为空，而内层循环依次寻找当前节点未被访问的邻接点。*/
class Graph{
    private final int MAX_VERTS = 20;
    private Vertex vertexList[];      //邻接点
    private int adjMat[][];           //邻接矩阵
    private int nVerts;               //节点数
    private Queue<Integer> theQueue;

    public Graph() {
        vertexList = new Vertex[MAX_VERTS];
        adjMat = new int[MAX_VERTS][MAX_VERTS];
        nVerts = 0;
        for(int j=0; j<MAX_VERTS; j++)
```

```
            for(int k=0; k<MAX_VERTS; k++)
                adjMat[j][k] = 0;
        theQueue = new PriorityQueue<Integer>();
        }


    public void addVertex(char lab) {
        vertexList[nVerts++] = new Vertex(lab);
        }


    public void addEdge(int start, int end){
        adjMat[start][end] = 1;
        adjMat[end][start] = 1;
        }


    public void displayVertex(int v){
        System.out.print(vertexList[v].label);
        }


    public void BFS(){                              //广度优先搜索
        vertexList[0].wasVisited = true;            //标记
        displayVertex(0);                           //输出
        theQueue.offer(0);                          //入列
        int v2;
        while( !theQueue.isEmpty() ) {              //队列不为空
            int v1 = theQueue.remove();
            while( (v2=getAdjUnvisitedVertex(v1)) != -1 ) {
                vertexList[v2].wasVisited = true;
                displayVertex(v2);
                theQueue.offer(v2);
                }
            }
        //队列为空，搜索结束
        for(int j=0; j<nVerts; j++)
            vertexList[j].wasVisited = false;
        }
    public int getAdjUnvisitedVertex(int v){
        for(int j=0; j<nVerts; j++)
            if(adjMat[v][j]==1 && vertexList[j].wasVisited==false)
                return j;
        return -1;
        }
    }

class BFSApp {
    public static void main(String[] args) {
```

```
Graph theGraph = new Graph();
theGraph.addVertex('A');        //节点 A
theGraph.addVertex('B');        //节点 B
theGraph.addVertex('C');        //节点 C
theGraph.addVertex('D');        //节点 D
theGraph.addVertex('E');        //节点 E
theGraph.addEdge(0, 1);         //边 AB
theGraph.addEdge(1, 2);         //边 BC
theGraph.addEdge(0, 3);         //边 AD
theGraph.addEdge(3, 4);         //边 DE
System.out.print("遍历的结果：");
theGraph.BFS();
System.out.println();
    }
}
```

程序运行的结果为

遍历的结果：ABDCE

8.5　生成树和最小生成树

【学习任务】　掌握生成树和最小生成树的基本概念，理解利用 Kruskal 算法和 Prim 算法构造带权图的最小生成树的思想和过程。

8.5.1　生成树

根据树的特性可知，连通图 G 的生成树（Spanning Tree）是图 G 的极小连通子图，它包含图 G 中的全部节点，但只有构成一棵树的 $n-1$ 条边，即子图 G'中的边集合 E(G')是连通图 G 中的所有节点和又没有形成回路的边。称子图 G'是原图 G 的一棵生成树。

一棵具有 n 个节点的生成树仅有 $n-1$ 条边。如果图 G 有 n 个节点且少于 $n-1$ 条边，则图 G 是非连通图。如果图 G 多于 $n-1$ 条边，则一定有环路，不是极小连通生成子图。值得注意的是，有 $n-1$ 条边的生成子图不一定是生成树。

设图 G=(V,E)为连通图，则从图中的任意节点出发遍历图时，必定将 E(G)分成两个子集：Et 和 Eb。其中 Et 是遍历图过程中经历的边的集合；Eb 是剩余边的集合。显然 Et 和图中所有节点一起构成连通图 G 的极小连通子图，即图 G 的生成树。由深度优先搜索遍历和广度优先搜索遍历得到的生成树，分别称为深度优先的生成树（DFS Spanning Tree）或广度优先的生成树（BFS Spanning Tree）。如图 8.11（a）所示的无向图 G10，从节点 v_1 出发，对应的深度优先生成树和广度优先生成树，分别如图 8.11（b）、（c）所示。

可见，图的生成树，根据遍历的方法不同或出发节点不同，均可得到不同的生成树。所以，图的生成树不是唯一的。

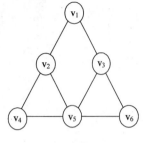

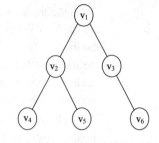

（a）无向图G10　　　（b）从节点v₁出发的深度优先生成树　　　（c）从节点v₁出发的广度优先生成树

图 8.11　深度优先搜索遍历的过程

在一个带权图的所有生成树中，加权值总和最小的生成树称为最小生成树（Minimal Spanning Tree），也称最小代价生成树（Minimum Cost Spanning Tree）。

根据生成树的定义，具有 n 个节点连通图的生成树，有 n 个节点和 $n-1$ 条边。因此，构造最小生成树的准则有以下 3 条：

① 只能使用该图中的边来构造最小生成树；

② 当且仅当必须使用 $n-1$ 条边来连接图中的 n 个节点；

③ 不能使用产生回路的边。

最小生成树在许多领域都有重要的应用。例如，利用最小生成树就可以解决如下工程中的实际问题：图 G 表示 n 个城市之间的通信网络，其中节点表示城市，边表示两个城市之间的通信线路，边上的权值表示线路的长度或造价。可通过求该网络的最小生成树达到求解通信线路总代价最小的最佳方案。

需要进一步指出的是，尽管最小生成树一定存在，但不一定唯一。

求图的最小生成树的算法有克鲁斯卡尔（Kruskal）算法和普里姆（Prim）算法两种典型的算法，下面分别给予介绍。

8.5.2　Kruskal 算法

Kruskal 算法是根据边的加权值以递增的方式，依次找出加权值最低的边来建立最小生成树，而且规定每次新增的边，不能造成生成树有回路，直到找到 $n-1$ 条边为止。

算法的设计思想：设图 G=(V,E)是一个具有 n 个节点的带权连通无向图，T=(TV,TE)是图 G 的最小生成子树，其中 TV 是 T 的节点集，TE 是 T 的边集，则构造最小生成树的步骤如下。

① T 的初始状态为 T=(V,{})，即开始时，最小生成树 T 由图 G 中的 n 个节点组成（TV={V}），节点之间没有边（TE={}）。

② 将图 G 中的边按照权值从小到大的顺序依次选取：如果选取的边未使生成树 T 形成回路，则加入 TE 中；否则舍弃，直至 TE 中包含了 $n-1$ 条边为止。

例如，以 Kruskal 算法构造带权图的最小生成树的过程如图 8.12 所示，其中图 8.12（f）所示为其中的一棵最小生成树。

构造最小生成树时，每一步都应该选择权值尽可能小的边，但并不是每一条权值最小的边都必须可选。

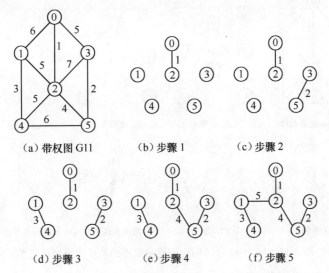

(a) 带权图 G11　　　(b) 步骤 1　　　(c) 步骤 2

(d) 步骤 3　　　(e) 步骤 4　　　(f) 步骤 5

图 8.12　以 Kruskal 算法构造连通带权图的最小生成树的过程

该算法的时间复杂度为 $O(e\log_2 e)$。Kruskal 算法的时间主要取决于图的边数 e。该算法较适合于稀疏图。

8.5.3　Prim 算法

Prim 算法是以每次加入节点的一个邻接边来建立最小生成树，直到找到 $n-1$ 个边为止。

Prim 算法的基本思想：假设图 G=(V,E) 是一个具有 n 个节点的带权连通图，T=(TV,TE) 是图 G 的最小生成子树。其中 TV 是 T 的节点集，TE 是 T 的边集，则最小生成树的构造步骤如下。

从 T=(v_0,{}) ($v_0 \in$ V 且 $v_0 \in$ TV) 开始，在所有节点 $v_0 \in$ TV，v $\in$ V-TV 中找一条代价最小的边（v_0,v），将边（v_0,v）加入集合 TE，同时将节点 v 加入节点集 TV 中，再以节点集 TV={v_0, v} 为开始节点，从 E 中选取次小的边（v_i,v_k）（$v_i \in$TV,$v_k \in$V-TV），将边（v_i,v_k）加入集合 TE，同时将节点 v_k 加入集合 TV 中。重复上述过程，直到 TV=V 时，最小生成树 T 构造完毕。

例如，以 Prim 算法构造连通带权图的最小生成树的过程如图 8.13 所示。其中，8.13（g）和 8.13（h）都是图 G12 的最小生成子树。

该算法的时间复杂度为 $O(n^2)$，与图中边数无关。该算法适合于稠密图。

【例 8.4】　设有带权图 G，利用 Prim 算法构造图 G 的最小生成树。

分析：带权图 G 表示为邻接矩阵 graph[n][n]，根据最小生成树的特性，用二维数组 tree[][] 描述，其中 tree[n-1][3] 表示最小生成树，tree[i][0] 和 tree[i][1] 表示边的节点，tree[i][2] 表示权值。

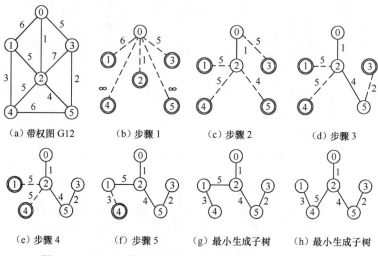

（a）带权图 G12　　（b）步骤 1　　（c）步骤 2　　（d）步骤 3

（e）步骤 4　　　（f）步骤 5　　（g）最小生成子树　　（h）最小生成子树

图 8.13　以 Prim 算法构造连通带权图的最小生成树的过程

```java
class MST {   //最小生成树类
    private int[][] graph;
    private int v;
    private int[][] tree;
    private boolean[] s;
    void input(int[][] graph, int v){
        this.graph=graph;
        this.v=v;
        tree=new int[graph.length-1][];
        s=new boolean[graph.length];
        for(boolean i : s) i=false;
        s[v]=true;
        calculate();
    }

    void calculate(){ //以 Prim 算法构造最小生成树
        for(int i=0; i<graph.length-1; i++){
            int[][] edge ={{0,0,10000,},};
            for(int j=0; j<graph.length; j++){
                for(int k=0; s[j]==true && k<graph.length; k++){
                    if(s[k]==false && graph[j][k]<edge[0][2]){
                        edge[0][0]=j;
                        edge[0][1]=k;
                        edge[0][2]=graph[j][k];
                    }
                }
            }
```

```
                    tree[i]=edge[0];
                    s[tree[i][1]]=true;
            }
        }
        int[][] getTree(){
            return tree;
        }
    }

class MSTTest{                      //初始化邻接矩阵 graph，10000 表示距离无穷大
    static int[][] graph={{0,6,1,5,10000,10000},
                    {6,0,5,10000,3,10000},
                    {1,5,0,7,5,4},
                    {5,10000,7,0,10000,2},
                    {10000,3,5,10000,0,6},
                    {10000,10000,4,2,5,0}};
    static int v=0;
    static int[][] tree;

    public static void main(String[] args){
        MST miniSpanTree=new MST();
        miniSpanTree.input(graph, v);
        tree=miniSpanTree.getTree();
        for(int i=0; i<graph.length-1; i++){
          System.out.println("边：" + tree[i][0] + "-" + tree[i][1] + "权值：" + tree[i][2]);
        }
    }
}
```

程序运行的结果为
边：0-2   权值：1
边：2-5   权值：4
边：5-3   权值：2
边：2-1   权值：5
边：1-4   权值：3

8.6 最短路径问题

【学习任务】 掌握最短路径问题，理解 Dijkstra 算法，灵活运用最短路径问题解决实际生活问题。

在许多应用领域，带权图都被用来描述某个网络，如通信网络、交通网络等。在这种情况下，各边的权值就对应于两点之间通信的成本或交通费用。那么，这一类型的问题就出现

了。在任意指定的两点之间如果存在通路，那么最小的消耗是多少呢？例如，在 A 城市和 B 城市之间的众多路径中，哪一条路径的路途最短？这就是最短路径问题。

对于带权图，通常把一条路径上所经过边的权值之和称为该路径的路径长度。在图中，从一个节点到另外一个节点可能不止一条路径，把其中路径长度最短的那条路径称为最短路径（Shortest Path），其路径长度（权值之和）称为最短路径长度或最短距离。路径上的第一个节点为源点，最后一个节点为终点。

设有向带权图（简称有向网）G=(V,E)，找出从某个源点 s∈V 到 V 中其余各顶点的最短路径称为单源最短路径问题。

狄杰斯特拉（Dijkstra）提出了一个按路径长度递增的次序产生最短路径的算法，故称为狄杰斯特拉算法。

Dijkstra 算法的基本思想是：设 G=(V,E)是一个有向网，把图中节点集 V 分成两部分，第 1 部分为已经求出最短路径的节点集合，用 S 表示，初始时 S 中只有一个源点；第 2 部分为其余未确定最短路径的节点集合，用 U 表示，按最短路径长度的递增次序依次把第 2 部分中的节点加入到第 1 部分的集合 S 中。在加入的过程中，总保持从源点 v 到 S 中的各个节点的最短路径长度小于从源点 v 到集合 U 中的任何节点的最短路径长度，每次求得一条最短路径 v，…，v_k，就将 v_k 加入到集合 S 中，直到全部节点都加入到集合 S 中，即 S=V 时，算法结束。值得注意的是，从节点 v 到集合 U 中的节点的权值，只包括集合 S 中的节点为中间节点的当前最短路径长度。

Dijkstra 算法的具体步骤如下。

① 初始时，集合 S 只包含源点，即 S={v}，v 的距离为 0。集合 U 包含除 v 以外的其他节点，集合 U 中节点 u 的距离为边上的权或∞。

② 从集合 U 中选取节点 k，使得 v 到 k 的最短路径长度最小，将 k 加入集合 S 中。

③ 以 k 为新的中间点，修改集合 U 中各节点的距离：如果从源点 v 到节点 u（u∈U）的距离（经过节点 k）比原来的距离（不经过节点 k）还短，则修改节点 u 的距离值，修改后的距离值是节点 k 的距离加上<k,u>上的权。

④ 重复步骤②和③，直到所有节点都包含在集合 S 中。

假设图 8.14 所示为一个交通网的例图，邻接边上的权值表示城市间的距离。如何求城市 v_1 到各个城市的最短路径呢？下面以 Dijkstra 算法说明如何求从城市 v_1 到其他各个城市的最短距离。

① 首先找出与城市 v_1 邻近且有路径的城市：城市 v_2 和城市 v_3。从图中可知道从城市 v_1 到城市 v_2 的路径为 60，城市 v_1 到城市 v_3 路径为 30。所以，选择路径<v_1, v_3>，如图 8.14（b）所示。

② 从总和路径最短的城市 v_3 出发，找出与城市 v_3 邻近有路径的城市。从图中可知道从城市 v_3 到城市 v_2 的路径为 20，从城市 v_3 到城市 v_4 的路径为 30，从城市 v_3 到城市 v_5 的路径为 40。此时从城市 v_1 经城市 v_3 到达城市 v_2 的总和路径为 50，比从城市 v_1 直接到城市 v_2 的路径 60 还短，所以，选择路径<v_3, v_2>，如图 8.14（c）所示。

③ 找出与城市 v_2、城市 v_3 邻近有路径的城市，从图中可知道从城市 v_2 到城市 v_4 的路径为 50，从城市 v_3 到城市 v_4 的路径为 30，从城市 v_3 到城市 v_5 的路径为 40。此时如果从城市 v_1 经过城市 v_3、v_2 到达城市 v_4 的总和路径为 100，比经城市 v_3 到达城市 v_4 的总和路径 60 还长。所以选择路径<v_3, v_4>，如图 8.14（d）所示。

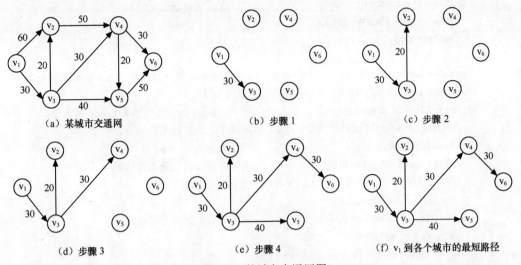

（a）某城市交通网　　　　（b）步骤 1　　　　（c）步骤 2

（d）步骤 3　　　　（e）步骤 4　　　　（f）v_1 到各个城市的最短路径

图 8.14　某城市交通网图

④ 同理，找出与城市 v_3、城市 v_4 邻近的路径为 $<v_3,v_5>$，总路径长度为 70，如图 8.14（e）所示。找出与城市 v_4、城市 v_5 邻近的路径 $<v_4,v_6>$，总路径长度为 90，如图 8.14（f）所示。这样就得到了从城市 v_1 到其他各个城市的最短路径。

从上面的操作过程中，可以找出以 v_1 为源点的单源最短路径，如表 8.1 所示。

表 8.1　　　　　　　　　　　以 v_1 为源点的单源最短路径

源　点	终　点	最 短 路 径	路 径 长 度
v_1	v_2	$<v_1,v_3,v_2>$	50
	v_3	$<v_1,v_3>$	30
	v_4	$<v_1,v_3,v_4>$	60
	v_5	$<v_1,v_3,v_5>$	70
	v_6	$<v_1,v_3,v_4,v_6>$	90

Dijkstra 算法具体实现如下。

算法 8.3：Dijkstra 算法

```
//求从节点 v 到其他节点的最短路径
public Iterator shortestPath(Vertex v) {
    LinkedList sPath = new LinkedListDLNode();
    resetVexStatus();            //重置图中各节点的状态信息
    //初始化，将从节点 v 到其他各个节点的最短距离初始化为由节点 v 直接可达的距离
    Iterator it = getVertex();
    while(it.hasNext()){
        Vertex u = (Vertex)it.next();
        int weight = Integer.MAX_VALUE;
        Edge e = edgeFromTo(v,u);
        if (e!=null)
            weight = e.getWeight();
```

```
            if(u==v) weight = 0;
            Path p = new Path(weight,v,u);
            setPath(u, p);
        }
        v.setToVisited();      //从节点 v 进入集合 S，以 visited=true 表示属于集合 S，否则不属于集合 S
        sPath.insertLast(getPath(v));    //求得的最短路径进入邻接表
        for (int t=1;t<getVexNum();t++){              //① 进行 n-1 次循环找到 n-1 条最短路径
            Vertex k = selectMin(it);//中间节点 k，可能选出无穷大距离的节点，但不会为空
            k.setToVisited();                    //节点 k 加入集合 S
            sPath.insertLast(getPath(k));                //求得的最短路径进入链接表
            //以 k 为中间节点修改节点 v 到 V-S 中节点的当前最短路径
            int distK = getDistance(k);
            Iterator adjIt = adjVertexs(k);            //取出节点 k 的所有邻接点
            while(adjIt.has Next()){      //②
                Vertex adjV = (Vertex)adjIt.next();
                Edge e = edgeFromTo(k,adjV);
                //发现更短的路径
                if ((long)distK+(long)e.getWeight()<(long)getDistance(adjV)){
                    setDistance(adjV, distK+e.getWeight());
                    amendPathInfo(k,adjV);    //以节点 k 的路径信息修改 adjV 的路径信息
                }
            }//②
        }//①
        return sPath.elements();
    }
    //在节点集合中选择路径距离最小的
    protected Vertex selectMin(Iterator it){
        Vertex min = null;
        while(it.hasNext()){
            Vertex v = (Vertex)it.next();
            if(!v.isVisited()){ min = v; break;}
        }
        while(it.hasNext()){
            Vertex v = (Vertex)it.next();
            if(!v.isVisited()&&getDistance(v)<getDistance(min))
                min = v;
        }
        return min;
    }
}
```

其他最短路径问题均可以以单源最短路径算法予以解决。

① 单目标最短路径问题：找出图中每个节点 v 到某指定节点 u 的最短路径。只需将图中每条边反向，就可将这一问题转变为单源最短路径问题。

② 所有节点对之间最短路径问题：对图中每对节点 u 和 v，找出节点 u 到 v 的最短路径问题。这一问题可用每个节点作为源点调用一次单源最短路径问题算法予以解决。

【例8.5】 对于一个有向带权图，利用 Dijkstra 算法求最短路径示例。

分析：根据 Dijkstra 算法，求最短路径与其距离，可表示为二维数组 path[n-1][3]，每个数据元素由 3 个数据项组成，其中 path[i][0]代表此最短路径的终点，path[i][1]代表此最短路径的长度，path[i][2]表示此最短路径终点的前趋节点。如果 path[i][2]的值为-1，表示没有前趋节点。

```
class ShortestPath{
    private int[][] graph;
    private int v;
    private int[][] path;

    void input(int[][] graph, int v){
        this.graph=graph;
        this.v=v;
        calculate();
    }

    void calculate(){       //以 Dijkstra 算法求解从节点 v0 到各个节点之间的最短路径
        path=new int[graph.length-1][];
        int[] s=new int[graph.length];
        for(int i : s)i=0; s[v]=2;     //等价于 for(int i=0;i<=s.length;i++)

        //按路径值从小到大的顺序求解各条最短路径
        for(int i=0; i<graph.length-1; i++){
            //求从节点 v 到集合 s2 的最短路径 pointToSet[0]
            int[][] pointToSet={{1, 1000, -1,},{1, 1000, -1,},};
            for(int j=0; j<graph.length; j++){
                if(s[j]==0 && graph[v][j]<pointToSet[0][1]){
                    pointToSet[0][1]=graph[v][j];
                    pointToSet[0][0]=j;
                }
            }
            //求从集合 s1 到集合 s2 的最短路径 setToSet[0]
            int[][] setToSet={{1, 1000, -1,},};
            for(int j=0; j<i; j++){
                //求从顶点 path[j][0]到点集 s2 的最短路径 pointToSet[1]
                pointToSet[1][1]=1000; pointToSet[1][2]=j;
                for(int k=0; k<graph.length; k++){
                    if(s[k]==0 && graph[path[j][0]][k]<pointToSet[1][1]){
                        pointToSet[1][1]=graph[path[j][0]][k];
                        pointToSet[1][0]=k;
                    }
                }
                pointToSet[1][1]=pointToSet[1][1]+path[j][1];
                if(pointToSet[1][1]<setToSet[0][1]){
```

```
                        setToSet[0]=pointToSet[1];
                    }
                }
                //比较 pointToSet[0]及 setToSet[0]，求其小者，作为 path[i]之值
                if(pointToSet[0][1]<setToSet[0][1])
                    path[i]=pointToSet[0];
                else
                    path[i]=setToSet[0];
                 s[path[i][0]]=1; //把顶点划为已求最短路径终点的点集
            }
        }
        int[][] getPath()
        {
            return path;
        }
    }

public class ShortestPathTest{        //以 Dijkstra 算法求图的最短路径
    static int[][] graph={{10000, 10000, 10 , 10000, 30 , 100 ,},
                          {10000, 10000, 5 , 10000, 10000, 10000,},
                          {10000, 10000, 10000, 50 , 10000, 10000,},
                          {10000, 10000, 10000, 10000, 10000, 10 ,},
                          {10000, 10000, 10000, 20 , 10000, 60 ,},
                           {10000, 10000, 10000, 10000, 10000, 10000,},
                            };
    static int [][] path;
    static int v=0;

    public static void main(String[] args){
        ShortestPath sortestPath=new ShortestPath();
        sortestPath.input(graph, v);
        path=sortestPath.getPath();
        for(int i=0; path[i][1]!=1000; i++){
            System.out.println("起点： " + v + "; 终点： " + path[i][0] +
            "; 长度： " + path[i][1] + "; 终点前趋节点： " + path[i][2]);
        }
    }
}
```

程序运行的结果为
起点：0; 终点：2; 长度：10; 终点前趋节点：−1
起点：0; 终点：4; 长度：30; 终点前趋节点：−1
起点：0; 终点：3; 长度：50; 终点前趋节点：1
起点：0; 终点：5; 长度：60; 终点前趋节点：2

8.7　拓扑排序

【学习任务】　掌握 DAG 和 AOV 网的概念，掌握拓扑排序过程，了解拓扑排序的思想。

8.7.1　有向无环图

有向无环图（Directed Acycline Graph，DAG）是指一个无环的有向图。DAG 是一类特殊的有向图。图 8.15 所示即为 DAG。

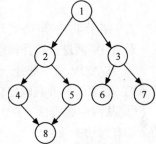

图 8.15　DAG

有向无环图是描述一项工程或系统进程的有效工具。一般情况下，一个工程可分为若干个子工程，这若干个子工程称为活动（Activity）。在整个工程中，某些子工程必须在其他相关子工程完成之后才能开始。为了形象地反映出整个工程的各个子工程之间的先后关系，可以用一个有向图来表示，图中的节点代表子工程（活动），有向边代表活动的先后关系，只有当起点的活动完成之后，才能进行终点活动。把节点表示活动，边表示活动先后关系的有向图称为节点活动网（Activity On Vertex Network），简称 AOV 网。

8.7.2　拓扑排序

1. 拓扑排序

设图 G=(V,E) 是具有 n 个节点的有向图，如果从节点 v_i 到节点 v_j 的有一条路径，其节点序列满足节点 v_i 一定排在节点 v_j 的前面，依据这样的原则，得到 V 中所有节点的序列 $v_1,v_2,v_3,\cdots,v_i,v_j,\cdots,v_n$，就称图 G 的一个拓扑序列（Topological Order）。

如果图中有弧 $<v_i,v_j>$，则称节点 v_i 是节点 v_j 的直接前趋，节点 v_j 是节点 v_i 的直接后继。若从节点 v_i 到节点 v_j 之间存在一条有向路径，则称节点 v_i 是节点 v_j 的前趋，或者称节点 v_j 是节点 v_i 的后继。

在有向图中，构造拓扑序列的过程，称为拓扑排序。

例如，计算机专业的学生必须完成一系列规定的专业基础课和专业课才能毕业，这个过程就可以被看做是一个工程，而学习一门课程表示进行一项活动，学习每门课程的先决条件是先学完它的全部先修课程。假设这些课程的名称与相应的代号之间的关系如表 8.2 所示。

表 8.2　　　　　　　　　　　　计算机专业课程之间的先后关系

课程代号	课程名称	先修课程
C1	高等数学	无
C2	Java 程序设计基础	无

续表

课 程 代 号	课 程 名 称	先 修 课 程
C3	离散数学	C1
C4	Java 数据结构	C2，C3
C5	Java 高级程序设计	C2，C4
C6	操作系统	C4，C7
C7	计算机组成原理	C2

课程之间的先后关系可以用有向图表示，如图 8.16 所示。

从图 8.16 可以看出，该有向图是一个 AOV 网。

2. 拓扑排序算法实现

对 AOV 网进行拓扑排序的方法和步骤如下：

① 从 AOV 网中选择一个没有前趋的节点（该节点的入度为 0）并且输出它；

② 从网中删去该节点，并且删去从该节点发出的全部有向边；

③ 重复上述两步，直到剩余网中不再存在没有前趋的节点为止。

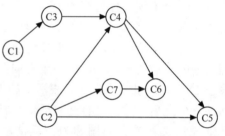

图 8.16 表示课程之间先后关系的有向图

以上操作的结果有如下两种：

一种是网中全部节点都被输出，这说明网中不存在有向回路，拓扑排序成功；

另一种是网中节点未被全部输出，剩余的节点均有前趋节点，这说明网中存在有向回路，不存在拓扑有序序列。

根据拓扑排序的方法和步骤，如图 8.16 所示的 AOV 网的拓扑排序序列有：

① C1，C3，C2，C4，C7，C6，C5

② C2，C7，C1，C3，C4，C5，C6

③ C1，C3，C2，C7，C4，C5，C6

当然，还可以得到其他拓扑序列。学生可以按照任何一个拓扑序列进行学习，就可以顺利完成学业。

为了实现上述算法，对 AOV 网采用邻接表的存储方式，则拓扑排序的实现算法如下。

算法 8.4：拓扑排序算法

```
public Iterator toplogicalSort(){
        LinkedList topSeq = new LinkedListDLNode();    //拓扑序列
        Stack s = new StackSLinked();
        Iterator it = getVertex();
        while(it.has Next()){                          //初始化节点信息
                Vertex v = (Vertex)it.next();
                v.setAppObj(Integer.valueOf(v.getInDeg()));
                if (v.getInDeg()==0) s.push(v);
        }
        while (!s.isEmpty()){
```

```
        Vertex v = (Vertex)s.pop();
        topSeq.insertLast(v);                          //生成拓扑序列
        Iterator adjIt = adjVertexs(v);                //对于节点 v 的每个邻接点入度减 1
        while(adjIt.has next()){
                Vertex adjV = (Vertex)adjIt.next();
                int in = getTopInDe(adjV)-1;
                if (in==0) s.push(adjV);               //入度为 0 的顶点入栈
        }//for
    }//while
    if (topSeq.getSize()<getVexNum()) return null;
    else return topSeq.elements();
}
```

在具体的算法实现中，使用每个节点的 application 成员变量指向一个 Integer 对象，表示节点在算法执行中当前的入度。在拓扑排序过程中对 v.application 的操作如下：

```
//取或设置顶点 v 的当前入度
private int getTopInDe(Vertex v){
    return ((Integer)v.getAppObj()).intValue();
}
private void setTopInDe(Vertex v, int indegree){
    v.setAppObj(Integer.valueOf(indegree));
}
```

对一个具有 n 个节点和 e 条边的 AOV 网而言，若其没有回路，每个节点最多均入栈、出栈一次，因此算法总的时间复杂度为 $O(n+e)$。

【例 8.6】　对于 AOV 网，采用栈存储结构的拓扑排序示例。

分析：根据拓扑排序的算法和邻接矩阵的特性，将 AOV 网表示为 graph[n][]，其中 graph[i][0]为节点 i 的入度，其余的为其后继节点，生成的一个拓扑序列为 list。

```
import java.util.Stack;
class TopSort{   //拓扑排序
int[][] graph;   //邻接矩阵
 int[] list;      //存储拓扑序列

    void input(int[][] graph){
      this.graph=graph;
      list=new int[graph.length];
      calculate();
    }

    void calculate(){                     //采用栈，实现拓扑排序
        Stack<Integer> stack=new Stack<Integer>();
        for(int i=0; i<graph.length; i++){
          if(graph[i][0]==0){             //graph[i][0]为节点 i 的入度，其余为其后继节点
            stack.push(i);
          }
```

```
                }
            int i=0;
            while(stack.empty()!=true){
             list[i]= stack.pop();
             for(int j=1; j<graph[list[i]].length; j++){
               int k=graph[list[i]][j];
               if((--graph[k][0])==0){
                 stack.push(k);
               }
             }
             i++;
            }

            if(i<graph.length){
            System.out.println("存在环，不可排序！");
            System.exit(0);
            }
        }
        int[] getList(){
         return list;
        }
}

public class TopSortTest{
    public static void main(String[] args){
        int[][] graph={{0,1,2,3,},
                       {2,},
                       {1,1,4,},
                       {2,4,},
                       {3,},
                       {0,3,4,},};
        int[] list=new int[graph.length];;
        TopSort topSort=new TopSort();
        topSort.input(graph);
        list=topSort.getList();
        System.out.print("拓扑排序的结果为：");
        for(int l : list){
            System.out.print(l+"    ");
        }
    }
}
```

程序运行的结果为
拓扑排序的结果为：5 0 3 2 4 1

8.8 AOE 网与关键路径

【学习任务】 掌握 AOE 网的概念及其性质，了解关键路径实现的思想和简单实现过程。

8.8.1 AOE 网

AOE（Activity On Edge）网是一个带权的有向无环图，其中节点表示事件，有向边（弧）表示活动，弧上的权值表示活动的权值（如该活动持续的时间、活动的开销等）。通常利用 AOE 网可以估算工程的完成时间，找出影响工程进度的"关键活动"，从而为决策者提供修改各活动预定进度的依据。

AOE 网具有如下的性质：

① 只有在某节点所代表的事件发生后，从该节点出发的各个有向边所代表的活动才能开始；

② 只有在进入某一节点的各个有向边所代表的活动都已经结束，该节点所代表的事件才能发生；

③ 表示实际工程计划的 AOE 网应该是无环的，并且存在唯一的入度为 0 的开始节点和唯一的出度为 0 的完成节点。

图 8.17 所示为一个网，其中有 9 个事件 v_1，v_2，$\cdots$，v_9；11 项活动 a_1，a_2，$\cdots$，a_{11}。只有每个事件之前的活动都已经完成，在它之后的活动才可以开始。例如 v_1 表示整个工程开始，v_9 表示整个工程结束。v_5 表示活动 a_4 和 a_5 已经完成，活动 a_7 和 a_8 才可以开始。与每个活动相关联的权值，表示完成该活动所需的时间。例如活动 a_1 需要 6 天时间可以完成。

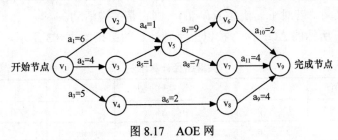

图 8.17 AOE 网

8.8.2 关键路径

由于 AOE 网中的某些活动能够同时进行，完成整个工程所必须花费的时间应为开始节点到完成节点之间的最大路径长度，这里的路径长度是指该路径上的各个活动所需时间之和。具有最大路径长度的路径称为关键路径（Critical Path）。关键路径上的活动称为关键活动。因此，只要找出 AOE 网中的关键活动，也就找到了关键路径。关键路径长度是整个工程所需的最短工期。也就是说，要缩短整个工期，必须加快关键活动的进度。需要注意的是，在一个 AOE 网中，可以有不止一条的关键路径。

假设开始节点是 v_1，从 v_1 到 v_i 的最长路径叫做事件 v_i 的最早发生时间。用 e(i) 表示活动

a_i 的最早开始时间。这个时间决定了所有以 v_i 为尾的弧所表示活动的最早开始时间。还可以定义一个活动的最晚开始时间 $l(i)$，这是在不推迟整个工程完成的前提下，活动 a_i 最迟必须开始的时间。两者之差 $l(i)-e(i)$ 意味着完成活动 a_i 的时间余量。当 $l(i)=e(i)$ 时的活动称为关键活动。由于关键路径上的活动都是关键活动，所以，提前完成非关键活动并不能加快工程的进度。例如，在如图 8.17 所示的 AOE 网中，节点 v_1 到 v_9 的关键路径之一是（v_1，v_2，v_5，v_7，v_9），路径长度为 6+1+7+4=18。而活动 a_6 不是关键活动，它的最早开始时间为 5，最迟开始时间为 12，这就意味着：如果 a_6 延迟 7 天，并不会影响整个工程的完成。因此，缩短整个工期，必须找到关键路径，提高关键活动的工效。

根据事件 v_j 的最早开始时间 $ve(j)$ 和最晚开始时间 $vl(j)$ 的定义，可以采取如下步骤求得关键活动。

① 从开始节点 v_1 出发，令 $ve(1)=0$，按拓扑有序序列求其余各节点的可能最早开始时间：

$$ve(k) = \max\{ve(j)+dut(<v_j,v_k>)\}$$
$$<v_j,v_k>\in T \qquad (2\leqslant k\leqslant n)$$

其中 T 是以节点 v_k 为头的弧的集合。当活动 a_i 由弧 $<v_j,v_k>$ 表示，其持续时间表示为 $dut(<v_j,v_k>)$。

如果得到的拓扑有序序列中节点的个数小于网中的节点个数 n，则说明网中有环，不能求出关键路径，算法结束。

② 从完成节点 v_n 出发，令 $vl(n) = ve(n)$，按逆拓扑排序求其余各节点允许的最晚开始时间：

$$vl(j) = \min\{vl(k)-dut(<v_j,v_k>)\}$$
$$<v_j,v_k>\in S \qquad (1\leqslant j\leqslant n-1)$$

其中 S 是以节点 v_j 为尾的弧的集合。

③ 求每一项活动 a_i（$1\leqslant i\leqslant n$）的最早开始时间 $e(i)=ve(j)$；最晚开始时间 $l(i)=vl(k)-dut(<v_j,v_k>)$。若对于 a_i 满足 $e(i)=l(i)$，则它是关键活动。

对于如图 8.17 所示的 AOE 网，按以上步骤计算的结果如表 8.3 所示。

表 8.3　　关键路径计算示例

节点	$ve(i)$	$vl(i)$	活动	$e(i)$	$l(i)$	$l(i)-e(i)$
v_1	0	0	a_1	0	0	0
v_2	6	6	a_2	0	2	2
v_3	4	6	a_3	0	7	7
v_4	5	12	a_4	6	6	0
v_5	7	7	a_5	4	6	2
v_6	16	14	a_6	5	12	7
v_7	14	14	a_7	7	7	0
v_8	7	16	a_8	7	7	0
v_9	18	18	a_9	7	10	3
			a_{10}	16	16	0
			a_{11}	14	14	0

第 8 章 图

从表 8.3 中可以看出，a_1，a_4，a_7，a_8，a_{10}，a_{11} 是关键活动。因此，关键路径有两条，即（v_1,v_2,v_5,v_7,v_9）和（v_1,v_2,v_5,v_6,v_9），如图 8.18 所示。

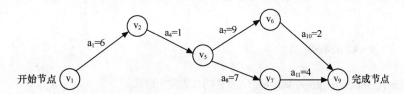

图 8.18　如图 8.17 所示的 AOE 网的两条关键路径

需要注意的是，并不是加快任何一个关键活动都可以缩短整个工程完成的时间，只有在不改变 AOE 网的关键路径的前提下，加快包含在关键路径上的关键活动才可能缩短整个工程的完成时间。

【例 8.7】　求 AOE 网关键路径示例。

分析：根据 AOE 网的特性和求关键路径的方法，将所有可能的关键路径存储于二维数组 path[][]中，path[i][0] 和 path[i][1]表示边的节点，path[i][2]表示权值。

```
import java.util.Stack;

class KeyPath{      //关键路径
    private int[][] graph;
    private int[][] path;
    int len;

    void input(int[][] graph){
        this.graph=graph;
        path=new int[graph.length-1][];
        len=0;
        calculate();
    }

    void calculate(){
        int[] ve=new int[graph.length];    //事件的最早发生时间
        Stack<Integer> stack1=new Stack<Integer>();
        Stack<Integer> stack2=new Stack<Integer>();
        int i,j,v;
        for(int t : ve) t=0;
        stack1.push(0);
        while(stack1.empty()!=true){
            v = stack1.pop();
            for(i=1; i<graph[v].length; i=i+2){
                j=graph[v][i];
                if((--graph[j][0])==0){
                    stack1.push(j);
```

- 189 -

```
                }
                if(ve[v]+graph[v][i+1]>ve[j]){
                    ve[j]=ve[v]+graph[v][i+1];
                }
            }
            stack2.push(v);
        }
        int[] vl=new int[graph.length];   //事件的最迟发生时间
        for(i=0; i<graph.length; i++) vl[i]=1000;
        vl[graph.length-1]=ve[graph.length-1];
        while(stack2.empty()!=true){
            v = stack2.pop();
            for(i=1; i<graph[v].length; i=i+2){
                j=graph[v][i];
                if(vl[j]-graph[v][i+1]<vl[v]){
                    vl[v]=vl[j]-graph[v][i+1];
                }
            }
        }
        for(v=0; v<graph.length-1; v++){        //求关键路径的所有边
            for(i=1; i<graph[v].length; i=i+2){
                j=graph[v][i];
                if(ve[v]==(vl[j]-graph[v][i+1])){
                    int[][] p={{v, j,graph[v][i+1],},,};
                    path[len++]=p[0];
                }
            }
        }
    }

    int[][] getPath(){
        return path;
    }

    int getLength(){
        return len;
    }
}

public class KeyPathTest{
    public static void main(String[] args){      //图的邻接矩阵表示
        int[][] graph={{0,1,6, 2,4, 3,5,},
                       {1,4,1,},
                       {1,4,1,},
                       {1,5,2,},
```

```
                    {2,6,9, 7,7,},
                    {1,7,4,},
                    {1, 8,2,},
                    {2, 8,4,},
                    {2,},};
        int[][] path;      //存储关键路径
        KeyPath keyPath=new KeyPath();
        keyPath.input(graph);
        path=keyPath.getPath();
        for(int i=0; i<keyPath.getLength(); i++){
          System.out.println("边: " + path[i][0]+ "-" + path[i][1] +" 权值: "+ path[i][2]);
        }
    }
}
```

程序运行的结果为

边: 0-1 权值: 6

边: 1-4 权值: 1

边: 4-6 权值: 9

边: 4-7 权值: 7

边: 6-8 权值: 2

边: 7-8 权值: 4

从上述结果可以看出，关键路径有两条：

0-1-4-6-8 和 0-1-4-7-8

8.9 综合示例

【学习任务】 在学习图相关基础知识的前提下，掌握图的实例分析及程序实现。

航班问题：假设有如表 8.4 所示的各城市之间的航班线路及其里程表。游客现在在上海，想去昆明旅游度假。如何预定一张从上海到昆明的飞机票，请找出一种购票方案。

根据题意，可以应用数据结构中图的遍历来实现，即深度优先搜索遍历和广度优先搜索遍历。

表 8.4　　　　　　各城市之间航空线路及其里程表（单位：km）

	上海（SH）	北京（BJ）	南京（NJ）	大连（DL）	哈尔滨（HEB）	昆明（KM）	西安（XA）	青岛（QD）
上海（SH）	-	900	500	1800	-	-	-	-
北京（BJ）	900	-	800	1000	-	-	-	-
南京（NJ）	500	800	-	-	1700	1900	-	-
大连（DL）	1800	1000	-	-	-	2000	1600	1000

数据结构（Java 语言版）

续表

	上海 （SH）	北京 （BJ）	南京 （NJ）	大连 （DL）	哈尔滨 （HEB）	昆明 （KM）	西安 （XA）	青岛 （QD）
哈尔滨（HEB）	-	-	1700	-	-	-	-	-
昆明（KM）	-	-	1900	2000	-	-	-	1500
西安（XA）	-	-	-	1600	-	-	-	-
青岛（QD）	-	-	-	1000	-	1500	-	-

注：- 表示没有航班线路。

下面采用深度优先搜索遍历来实现其功能，其示意图如图 8.19 所示。

参考程序如下：

```
//通过深度优先搜索遍历
import java.io.BufferedReader;
import java.io.IOException;
import java.io.InputStreamReader;
import java.util.Stack;
import java.util.ArrayList;

//航班信息类
class PlanInfo {
    String from;
    String to;
    int distance;
    boolean backFlag; //回溯使用的标记

    PlanInfo(String start, String end, int dist) {
        from = start;
        to = end;
        distance = dist;
        backFlag = false;
    }
}

class Log {
    public static boolean info = true;

    public static boolean error = true;

    public static void info(String str) {
        if (info) {
            System.out.print(str);
        }
    }
```

```
    public static void error(String str) {
        if (error) {
            System.out.println(str);
        }
    }
}

class Depth {

//航班资料库，通过数组实现
ArrayList<PlanInfo> plans = new ArrayList<PlanInfo>();

Stack<PlanInfo> btStack = new Stack<PlanInfo>();

public static void main(String args[]) {

    String to, from;
    Depth depth = new Depth();
    BufferedReader reader = new BufferedReader(new InputStreamReader(      System.in));

    depth.init();
    try {
        Log.info("请输入出发地点：");
        from = reader.readLine();
        Log.info("请输入目的地点：");
        to = reader.readLine();

        depth.hasPlan(from, to);
        if (depth.btStack.size() != 0)
            depth.showRoute(to);
    } catch (IOException exc) {
        Log.error("输入有误！");
    }
}

public int size() {
    return plans.size();
}

//初始化航班资料
public void init() {
    addPlan("SH", "BJ", 900);
    addPlan("BJ", "DL", 1000);
```

```
            addPlan("SH", "NJ", 500);
            addPlan("SH", "DL", 1800);
            addPlan("NJ", "HEB", 1700);
            addPlan("NJ", "KM", 1900);
            addPlan("NJ", "BJ", 800);
            addPlan("DL", "XA", 1600);
            addPlan("DL", "QD", 1000);
            addPlan("QD", "KM", 1500);
            addPlan("DL", "KM", 2000);
        }

    //添加一条航班资料到航班库中
    public void addPlan(String from, String to, int dist) {
        plans.add(new PlanInfo(from, to, dist));
    }

    //显示起点到目的地的路径和总距离
    public void showRoute(String to) {
        Stack<PlanInfo> stack = new Stack<PlanInfo>();
        int dist = 0;
        PlanInfo pinfo;
        int num = btStack.size();

        //把栈中的数据倒置以显示
        for (int i = 0; i < num; i++)
            stack.push(btStack.pop());
        for (int i = 0; i < num; i++) {
            pinfo = stack.pop();
            Log.info(pinfo.from + " -> ");
            dist += pinfo.distance;
        }
        Log.info(to);
        Log.info("距离是" + dist + "km。\n");
    }

    //航班存在，返回距离，否则返回 0
    public int indexof(String from, String to) {
        int intlen = size();
        for (int i = intlen - 1; i >= 0; i--) {
            PlanInfo pinfo = plans.get(i);
            if (pinfo.from.equals(from) && pinfo.to.equals(to) && !pinfo.backFlag) {
                pinfo.backFlag = true; //回溯标记，避免被重用
                return pinfo.distance;
            }
```

```
    }
    return 0; // not found
}

//通过起始机场找到所有航班
PlanInfo findByFrom(String from) {
    int ilen = size();
    for (int i = 0; i < ilen; i++) {
        PlanInfo pinfo = plans.get(i);
        if (pinfo.from.equals(from) && !pinfo.backFlag) {
            pinfo.backFlag = true; //避免被重复使用
            return pinfo;
        }
    }
    return null;
}

//判断是否存在从 from 到 to 的航班
public void hasPlan(String from, String to) {
    int dist;
    PlanInfo pinfo;

    dist = indexof(from, to); //获取航班距离
    if (dist != 0) {
        btStack.push(new PlanInfo(from, to, dist));
        return;
    }

    //查找其他航线
    pinfo = findByFrom(from);
    if (pinfo != null) {
        btStack.push(new PlanInfo(from, to, pinfo.distance));
        hasPlan(pinfo.to, to);
    } else if (btStack.size() > 0) {
        pinfo = btStack.pop(); //回溯并查找其他线路
        hasPlan(pinfo.from, pinfo.to);
    }
}
}
```

程序运行的结果为
请输入出发地点：SH
请输入目的地点：KM
SH -> BJ -> DL -> KM 距离是 3900km。

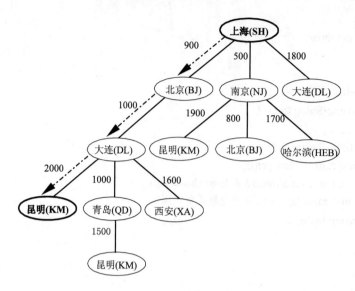

图 8.19　用深度优先搜索得到的一种方案

　　深度优先搜索能够找到一个解，但该方案从费用方面来说，未必是最优的，需要最优的方案就需要应用图的最短路径问题求解。对于上面这个特定问题，深度优先搜索没有经过回退，一次就找到了一个解；但如果数据的组织方式不同，寻找解时就有可能进行多次回退。因此这个程序的输出并不具有普遍性。而且，在搜索一个很长，而且其中没有解的分支时，深度优先搜索的性能将会很差，在这种情况下，深度优先搜索不仅在搜索这条路径时浪费时间，而且还在向目标的回退中也浪费时间。如果目标在搜索空间中隐藏得不是太深，那么广度优先搜索的效率会更高。下面采用广度优先搜索遍历来实现其功能，其示意图如图 8.20 所示。

　　参考程序如下：

```java
import java.io.BufferedReader;
import java.io.IOException;
import java.io.InputStreamReader;
import java.util.ArrayList;
import java.util.Stack;

//通过广度优先搜索遍历
class Breadth {
    ArrayList<PlanInfo> plans = new ArrayList<PlanInfo>(); //航班数据库
    Stack<PlanInfo> btStack = new Stack<PlanInfo>(); //回溯栈

    public static void main(String args[]) {
        String from, to;
        Breadth breadth = new Breadth();
        BufferedReader reader = new BufferedReader(new InputStreamReader(    System.in));
        breadth.init();
        try {
```

```
            Log.info("请输入出发地点: ");
            from = reader.readLine();
            Log.info("请输入目的地点: ");
            to = reader.readLine();
            breadth.hasPlan(from, to);
            if (breadth.btStack.size() != 0)
                breadth.showRoute(to);
        } catch (IOException exc) {
            Log.error("输入有误! ");
        }
    }

//初始化航班数据库
void init() {
        addFlight("SH", "BJ", 900);
        addFlight("BJ", "DL", 1000);
        addFlight("SH", "NJ", 500);
        addFlight("SH", "DL", 1800);
        addFlight("NJ", "HEB", 1700);
        addFlight("NJ", "KM", 1900);
        addFlight("NJ", "BJ", 800);
        addFlight("DL", "XA", 1600);
        addFlight("DL", "QD", 1000);
        addFlight("QD", "KM", 1500);
        addFlight("DL", "KM", 2000);
}

public int size() {
        return plans.size();
}

//增加一条航班资料到数据库
void addFlight(String from, String to, int dist) {
        plans.add(new PlanInfo(from, to, dist));
}

//显示路径和总距离
void showRoute(String to) {
        Stack<PlanInfo> rev = new Stack<PlanInfo>();
        int dist = 0;
        PlanInfo pinfo;
        int num = btStack.size();
        //倒置栈中数据以显示
        for (int i = 0; i < num; i++)
```

```
            rev.push(btStack.pop());
        for (int i = 0; i < num; i++) {
            pinfo = rev.pop();
            Log.info(pinfo.from + " -> ");
            dist += pinfo.distance;
        }
        Log.info(to);
        Log.info("距离是" + dist + "km。");
    }

    //获取距离，如果不存在返回 0
    int indexof(String from, String to) {
        int ilen = size();
        for (int i = ilen - 1; i >= 0; i--) {
            PlanInfo pinfo = plans.get(i);
            if (pinfo.from.equals(from) && pinfo.to.equals(to)&& !pinfo.backFlag) {
                pinfo.backFlag = true;
                return pinfo.distance;
            }
        }
        return 0;
    }

    //通过起始地找到航班

    PlanInfo findByFrom(String from) {
        int ilen = size();
        for (int i = 0; i < ilen; i++) {
            PlanInfo pinfo = plans.get(i);
            if (pinfo.from.equals(from) && !pinfo.backFlag) {
                pinfo.backFlag = true; //避免重复使用
                return pinfo;
            }
        }
        return null;
    }

    //通过广度优先搜索查找航线
    public void hasPlan(String from, String to) {
        int dist, dist2;
        PlanInfo pinfo;

        //广度优先搜索使用的栈
        Stack<PlanInfo> resetStck = new Stack<PlanInfo>();
        dist = indexof(from, to);
```

```
        if (dist != 0) {
            btStack.push(new PlanInfo(from, to, dist));
            return;
        }

        //找出航班
        while ((pinfo = findByFrom(from)) != null) {
            resetStck.push(pinfo);
            if ((dist = indexof(pinfo.to, to)) != 0) {
                resetStck.push(pinfo);
                btStack.push(new PlanInfo(from, pinfo.to, pinfo.distance));
                btStack.push(new PlanInfo(pinfo.to, to, dist));
                return;
            }
        }

        //设置标记避免重复使用
        int i = resetStck.size();
        while (i != 0) {
            resetSkip(resetStck.pop());
            i--;
        }

        //查找另一条线路
        pinfo = findByFrom(from);
        if (pinfo != null) {
            btStack.push(new PlanInfo(from, to, pinfo.distance));
            hasPlan(pinfo.to, to);
        } else if (btStack.size() > 0) {
            //回溯，查找其他线路
            pinfo = btStack.pop();
            hasPlan(pinfo.from, pinfo.to);
        }
    }

    //设置航班中的标记，避免重复使用
    public void resetSkip(PlanInfo pinfo) {
        int ilen = size();
        for (int i = 0; i < ilen; i++) {
            if (pinfo.from.equals(pinfo.from) && pinfo.to.equals(pinfo.to))
                pinfo.backFlag = false;
        }
    }
}
```

程序运行的结果为

请输入出发地点：SH

请输入目的地点：KM

SH -> NJ -> KM 距离是 3000km。

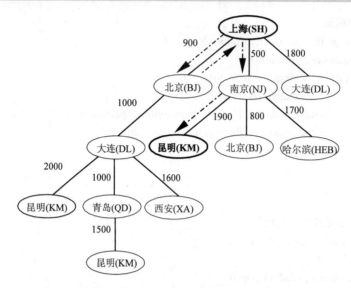

图 8.20 用广度优先搜索得到的一种方案

该算法找到了一个合理的解，但这不具有一般性，未必是最优的方案，因为找到的第一条路径取决于信息的物理组织形式。

【思考】若要找到最优的购票方案，应如何解决？

习　题

一、简答题

1. 什么是图、无向图、有向图、完全图、连通图、子图以及网，请举例说明。

2. 什么是连通分量和强连通分量，请举例说明。

3. 请举例说明，度、出度和入度之间的关系。

4. 什么是生成树和最小生成树，请举例说明。

5. 什么是最短路径，什么是关键路径？

6. 什么是拓扑排序，简要说明拓扑排序的思想。

7. 什么是 AOV 网和 AOE 网，请举例说明。

8. 已知一无向图 G=(V,E)，其中 V={a,b,c,d,e}，E={(a,b),(a,d),(a,c),(d,c),(b,e)}，现用某一种遍历方法从顶点 a 开始遍历图，得到的序列为 abecd，则采用的遍历方法是哪一种？

9. 对于如图 8.21（a）和（b）所示的有向图和无向图，求出：

（1）（a）图中每个节点的入度、出度和度；

（2）（a）图的邻接表；

（3）（a）图中，从节点 v_1 出发，写出深度优先搜索遍历所得的节点序列；

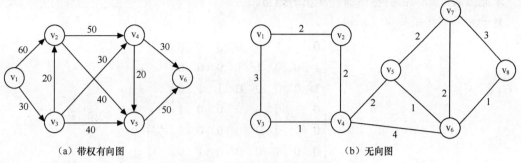

（a）带权有向图　　　　　　　　　（b）无向图

图 8.21　无向图和有向图

（4）（b）图中，每个节点的度；

（5）（b）图中，图的邻接矩阵；

（6）（b）图中，从节点 v_1 出发，写出广度优先搜索遍历所得的节点序列；

（7）（b）图中，用 Prim 算法构造最小生成树的过程；

（8）（b）图中，从节点 v_1 出发，写出到节点 v_2、v_6、v_8 等的最短路径。

10. 表 8.5 所示为中国 6 大城市（北京（BJ）、上海（SH）、西安（XA）、大连（DL）、南京（NJ）、青岛（QD），之间的公路交通里程表，要求：

表 8.5　　　　　　　中国 6 大城市之间的公路交通里程表（单位：km）

	BJ	SH	XA	DL	NJ	QD
BJ		1490	1224	903	1141	832
SH	1490		1498	2270	349	1006
XA	1224	1498		2127	1149	1351
DL	903	2270	2127		1921	1612
NJ	1141	349	1149	1921		657
QD	832	1006	1351	1612	657	

（1）画出这 6 大城市的交通网络图；

（2）画出该图的邻接矩阵；

（3）画出以 Kruskal 算法构造最小生成树的过程；

（4）从北京出发，试写出北京到南京的最短路径。

二、选择题

1. 设 n 个节点构成无向图，其最多的边数为（　　）条。

　　A. $n-1$　　　B. $n(n-1)/2$　　　C. $n(n+1)/2$　　　D. $n(n-1)$

2. 在一个无向图中，所有节点的度数之和等于所有边数的（　　）倍。

　　A. 2　　　B. 3　　　C. 1　　　D. 1/2

3. 无向图 G=(V,E)，其中：V={a,b,c,d,e,f}，E={(a,b),(a,e),(a,c),(b,e),(c,f),(f,d),(e,d)}，对该图进行深度优先搜索遍历，得到的顶点序列正确的是（　　）。

　　A. a，b，e，c，d，f　　　　　B. a，c，f，e，b，d

　　C. a，e，b，c，f，d　　　　　D. a，e，d，f，c，b

三、实验题

掌握图的概念、图的存储结构和图的遍历。

对于如下邻接矩阵 A：

$$A = \begin{bmatrix} 0 & 1 & 1 & 0 & 0 & 0 & 0 & 0 \\ 1 & 0 & 0 & 1 & 1 & 0 & 0 & 0 \\ 1 & 0 & 0 & 0 & 0 & 1 & 1 & 0 \\ 0 & 1 & 0 & 0 & 0 & 0 & 0 & 1 \\ 0 & 1 & 0 & 0 & 0 & 0 & 0 & 1 \\ 0 & 0 & 1 & 0 & 0 & 0 & 1 & 0 \\ 0 & 0 & 1 & 0 & 0 & 1 & 0 & 0 \\ 0 & 0 & 0 & 1 & 1 & 0 & 0 & 0 \end{bmatrix}$$

实现图的深度优先搜索和广度优先搜索算法。

四、思考题

1. 如果以带权无向图表示 n 个城市之间的通信网络工程建设计划，其中节点表示城市，边上的权表示工程造价。请设计求该通信网络工程总造价最低的建设方案。

（提示：该题是构造最小生成树问题，可以利用 Prim 算法或 Kruskal 算法构造最小生成树，所得的最小生成树就是该通信网络工程总造价最低的建设方案。）

2. 例如图 8.1 所示的京津冀地区部分公路交通网图，其中节点表示该地区的主要城市，边上的权表示交通费用或所需时间。请设计出一个交通咨询系统，指导乘客以最少的花费或最短时间，从该地区的某个城市到达另一个城市。

（提示：该题是图的最短路径问题的应用，可以建立以费用为权或以时间为权的邻接矩阵，求解最短路径和路径长度即可。）

第 9 章 查找

【内容简介】

本章通过实例引入查找概念，重点介绍查找的相关概述，包括查找、关键字、查找方法等基本概念，以及各种查找算法的思想、程序实现，查找的实例应用。

【知识要点】

✧ 查找的相关概念；

✧ 顺序查找法、二分查找法的算法原理及程序实现；

✧ 二叉排序树查找法的应用及平衡二叉排序树的实现过程；

✧ 哈希查找的概述；

✧ 哈希函数构造方式及冲突解决办法。

【教学提示】

本章共设 10 个学时，理论 6 学时，实验 4 学时，介绍查找及相关概念、各种查找方式及算法实现；重点突出顺序查找法、二分查找法等查找方法的执行过程和算法实现，加强查找综合应用的理解。本章采用理论和实践结合的方式进行学习，结合查找的工程实例组织教学，其中二叉排序树的平衡问题和用链表法解决哈希冲突部分内容作为选学内容。

9.1 实例引入

【学习任务】 通过实例的引入，了解查找的基本过程。

【例 9.1】 办公软件中的查找操作。

图 9.1 所示为 Office 办公软件中的 Word 文字处理软件，在文字处理过程中，经常遇到查找某个（或者某一批）信息，并对其处理的情况。如图 9.1 所示就是在该文章中对"数学教育"进行查找，并将其修改成"数学高职素质教育"，在该操作中就涉及在文章中对所要求的内容进行查找，并且对查找到的信息进行相应的修改。

【例 9.2】 学生成绩管理系统中的查找。

表 9.1 所示为某学校 2004 级计算机专业学生某学期成绩表，在该学期综合测评中要查找学生的各种相关信息，例如查找程序设计课程最高分（98 分）的学生，或查找总分最低（295分）学生；有些条件还可以同时使用，例如查找数据结构和大学英语都在前三名的学生是否存在等问题，都是具有代表性的查找问题。

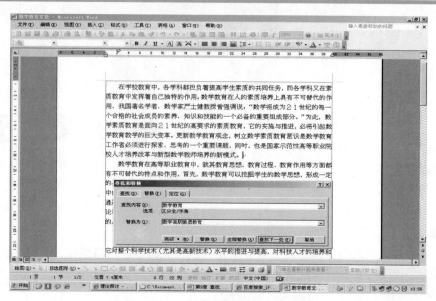

图 9.1　Word 应用软件中查找实例示意图

表 9.1　某校 2004 级计算机专业学生某学期成绩表

学　号	姓　名	程序设计	数据结构	大学英语	离散数学	数字电路	总　　分
20040644	张　峻	87	69	70	69	71	366
20040645	王　亮	67	64	81	39	75	326
20040646	刘大亿	71	72	49	29	74	295
20040647	罗胡忠	46	49	85	74	73	327
20040648	奇　想	80	72	75	43	74	344
20040649	郝大邦	82	69	84	55	74	364
20040650	李旭河	89	74	88	66	77	394
20040651	薛　峰	87	86	73	84	77	407
20040652	刘达乐	87	92	52	83	95	409
20040653	王达锋	87	78	80	60	76	381
20040654	李　强	54	80	75	60	84	353
20040655	何小峰	78	58	80	50	73	339
20040656	妮　东	85	72	51	60	76	344
20040657	潘小喆	98	83	84	63	77	405
20040658	范军魏	86	79	82	61	95	403
20040659	魏刘明	80	75	86	47	75	363
20040660	赵溪佳	32	52	66	76	98	324
20040661	朱家立	71	61	82	64	70	348
20040662	臧红利	78	70	40	61	74	323

　　在生活中经常用到查找，如查找门牌号码、在图书馆书架上查找图书等，在计算机中查

找的操作应用也非常普遍，例如学生信息系统、工资管理系统等管理系统中都需要实现查找等操作。

9.2　基本概念与术语

【学习任务】　结合实例分析，理解查找、关键字、查找方法等相关概念。

9.2.1　查找的概念

查找是指在给定的由同一数据类型构成的整体范围内（如一篇文章、一个数据库等），寻找用户需要数据的过程。若满足条件的数据存在，则称查找成功，否则查找失败。查找的过程要依据用于识别某元素的字段，该字段可唯一识别数据元素，称其为查找关键字。

说明：

① 查找的操作是在一定范围之内的，若查找成功，将对其进行相应操作，在查找范围之外的数据将不被操作；

② 查找的数据可以是单个元素（如表 9.1 中某单科成绩或总成绩），也可以是有多个数据元素构成的一个整体（例如在表 9.1 中查找某个学生的相关信息），将这样的数据称为查找的关键字（关键字的概念在计算机的操作中经常见到，在第 10 章排序中也要用到这个概念）；

③ 查找可以按照多个关键字进行，例如在例【9.2】中，可按"数据结构"成绩在 90 分以上，同时"总分"成绩在 330 分以上的学生查找，此时查找包括两个关键字（"数据结构"和"总分"），其中"数据结构"为第一关键字，而"总分"为第二关键字，也称为次关键字，这样的关键字若有多个，应依次排列。

9.2.2　查找方法

根据定义，查找过程是在同类型数据构成的整体集合中进行查找操作，若只对数据进行查找（结果为查找成功或查找失败），并不改变数据的结构；若要对这些数据进行修改，则将改变数据的结构。

查找的方法主要有：顺序查找法、二分查找法（折半查找法）、二叉排序树法、哈希查找法等。

9.3　顺序查找法

【学习任务】　理解顺序查找法的算法思路及程序实现，重点掌握顺序查找法的时间复杂度和表长的关系。

1. 问题引入

【例 9.3】 设有如下数字构成的序列：A={55,25,6,95,76,12,124,32,9,73}。查找给定的某个数字 X 是否存在，并给出相应提示。

2. 算法描述

这是一个典型的查找问题，可将序列 A 用数组表示，用数值 X 和序列 A 中的每个元素进行比较，若相等，则表示 X 在序列 A 中存在，则查找成功，否则失败，如图 9.2 所示。

a_0	a_1	a_2	a_3	a_4	a_5	a_6	a_7	a_8	a_9
55	25	6	95	76	12	124	32	9	73
查找过程：用 X 和每个数值比较，若相等，则停止，否则继续，直到最后									
X	X	X	X	X	X	X	X	X	X

图 9.2　顺序查找示意图

3. 程序实现

```java
public class OrderSearch{
    public void search(int a[],int x){
        int i=0;
        while(i<=a.length-1 && a[i]!= x)
            i++;
        if (i>=a.length)
            System.out.println("查找失败！");
        else
            System.out.println("查找成功！");
    }

    public static void main(String[] args) {
        int[] b={12,25,6,95,76,55,124,32,9,73};
        OrderSearch c1=new OrderSearch();
        c1.search(b,25);
    }
}
```

程序运行的结果为
查找成功！

4. 算法分析

顺序查找实际上是以关键字与序列中的每个元素依次比较而确定结果的查找方法，其算法复杂度与序列表的长度有直接关系，若查找成功，则比较次数小于或者等于 n；若查找不成功，则查找的次数永远为 n。查找算法的时间复杂度为 $O(n)$，n 为序列中元素的个数。

顺序查找算法在 n 比较小，或者所查找的元素比较靠前时，算法较优。

9.4　折半查找法

【学习任务】　理解折半查找法的算法思路及程序实现，重点理解折半查找法的前提条件及其含义，在算法分析方面重点理解与二叉排序树异同点。

1. 问题引入

【例 9.4】　若将【例 9.3】中的数据排成一个有序序列，即 A= {6,9,12,25,32,55,73,76,95,124}，查找给定的某个数字 X 是否存在，并给出相应提示。

2. 算法描述

折半查找的思想：首先将查找序列分成两半，确定查找数可能在哪一半，在确定的部分中继续折半，直到找到该元素，显示查找成功，并确定元素位置；若判断该元素不存在，则返回查找失败。

折半查找每次将查找序列分成两部分，又称为二分法，其前提是查找序列必须是有序的。

对于【例 9.4】中的有序序列 A，预查找 $X=95$ 和 $X=13$ 是否存在，其算法描述如图 9.3 所示。

① 将序列 A 以数组方式存储，如图 9.3 所示，用 i 和 j 分别表示数组的第一个元素和最后一个元素的下标，取中间元素的下标 $m=\lceil (i+j)/2 \rceil$（「,」为取整符号）。

a_0	a_1	a_2	a_3	a_4	a_5	a_6	a_7	a_8	a_9
6	9	12	25	32	55	73	76	95	124
i				$m=\lceil (i+j)/2 \rceil$					j
情况 1：将 $X=95$ 和 $a_m=32$ 比较，结果为 $X>a_m$，数值 X 可能在右侧									
情况 2：将 $X=13$ 和 $a_m=32$ 比较，结果为 $X<a_m$，数值 X 可能在左侧									

图 9.3　折半查找第一步分析

② 调整 i 或 j 的位置，使 m 为新中间元素的下标，使原序列折半，继续查找相应元素，如图 9.4 所示。

a_0	a_1	a_2	a_3	a_4	a_5	a_6	a_7	a_8	a_9
6	9	12	25	32	55	73	76	95	124
舍去的部分					i		$m=\lceil (i+j)/2 \rceil$		j
情况 1：$i=m+1$，$m=\lceil (i+j)/2 \rceil$，将 $X=95$ 和 $a_m=76$ 比较，结果 $X>a_m$，数值 X 可能在右侧									
i	$m=\lceil (i+j)/2 \rceil$		j	舍去的部分					
情况 2：$j=m-1$，$m=\lceil (i+j)/2 \rceil$，将 $X=13$ 和 $a_m=9$ 比较，结果 $X>a_m$，数值 X 可能在右侧									

图 9.4　折半查找第二步分析

③ 继续调整 i 或 j 的位置，使 m 为新中间元素的下标，使原序列继续折半，如图 9.5 所示。

a_0	a_1	a_2	a_3	a_4	a_5	a_6	a_7	a_8	a_9
6	9	12	25	32	55	73	76	95	124
第一次舍去的部分				第二次舍去的部分				i $m=\lceil(i+j)/2\rceil$	j
情况 1：$i=m+1$，$m=\lceil(i+j)/2\rceil$，将 X=95 和 a_m=95 比较，结果 $X=a_m$，查找成功									
第二次 舍去的部分	i $m=\lceil(i+j)/2\rceil$	j	第一次舍去的部分						
情况 2：$i=m+1$，$m=\lceil(i+j)/2\rceil$，将 X=13 和 a_m=12 比较，结果 $X>a_m$，数值 X 可能在右侧									

图 9.5　折半查找第三步分析

④ X=95 已经查找成功；对于 X=13，继续调整 i 的位置，使 m 为新中间元素的下标，使原序列继续折半，如图 9.6 所示。

a_0	a_1	a_2	a_3	a_4	a_5	a_6	a_7	a_8	a_9
6	9	12	25	32	55	73	76	95	124
第二次 舍去的部分	第三次 舍去的部分	i,j $m=\lceil(i+j)/2\rceil$	第一次舍去的部分						
情况 2：$i=m+1$，$m=\lceil(i+j)/2\rceil$，结果 $i=j=m$，将 X=13 和 a_m=25 比较，结果 $X<a_m$， 仍未查找到相应数据，则查找失败，查找过程结束									

图 9.6　折半查找第四步分析及结果

3. 程序实现

程序实现如下：

```java
public class HalfSearch{
    public int   Binary_Search(int a[],int   k){
        int    low ,high,mid ,flag=0;
        low=1;high=a.length;
        while(low<=high)
        {
            mid=(low+high)/2;
            if(k<a[mid])
              high=mid-1;
            else if(k>a[mid])
                low=mid+1;
            else{
                flag=mid;
                System.out.println(flag);
```

```
                              break;
                       }
                }
            return    flag;
        }

public static void main(String[] args){
        int[] b={6,9,12,25,32,55,73,76,95,124};
        HalfSearch c1=new HalfSearch();
        c1.Binary_Search(b,25);
        }
}
```

程序运行的结果为
    3

4．算法分析

折半查找法的算法分析比较复杂，对于有序序列来说，每次减少一半，算法比顺序查找要优一些，其时间复杂度为 $O(\log_2 n)$。

9.5 二叉排序树法

【学习任务】 结合第 7 章的相关内容掌握利用二叉排序树法进行查找的过程，了解二叉排序平衡树的思想及构造过程，了解平衡二叉树在算法实现上优于普通二叉排序树的思想。

1．问题引入

对于折半查找可将全部序列按照某关键字分成两部分，一部分数值小于等于关键字数值，另一部分数值大于等于关键字数值；在每个部分又可选出新的关键字，将其继续分解，直至最后结束。

该思想和第 7 章所介绍的二叉排序树的思想是一致的，因此可通过建立二叉排序树进行查找（具体内容请参阅相关章节）。

2．算法描述

【例 9.5】 对于【例 9.3】中给定的序列表 A={55,25,6,95,76,12,124,32,9,73}，建立二叉排序树并完成查找过程。

（1）建立二叉排序树

根据二叉排序树性质，将第一个元素作为根节点，将其余元素和根节点元素比较，若比它小，则进入左子树，否则进入右子树，依次类推，完成二叉排序树的建立。

对于【例 9.5】中的序列，其建立二叉排序树的过程如图 9.7 所示。

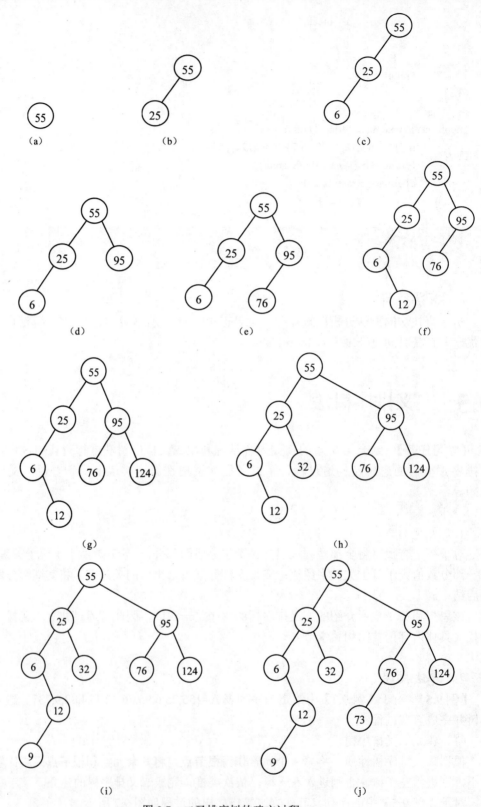

图 9.7　二叉排序树的建立过程

（2）查找过程

在按照上面过程所建立的二叉树中，预查找 X=95 和 X=13 这两个数是否在这个序列中，即判断这两个数是否在如图 9.7 所示的二叉排序树中出现，其过程如下：

① 对于 X=95 的情况：

将 X=95 和根节点比较（95>55），查找在右子树中进行；

将 X=95 和右子树根节点比较（95=95），查找成功。

② 对于 X=13 的情况：

将 X=13 和根节点比较（13<55），查找在左子树中进行；

将 X=13 和左子树根节点比较（13<25），查找仍在左子树中进行；

将 X=13 和左子树根节点比较（13>6），查找在右子树中进行；

将 X=13 和右子树根节点比较（13>12），查找在右子树中进行；

而此时，节点 12 已经没有右子树，因此，查找失败。

（3）算法分析

对于利用二叉排序树法进行查找，其时间复杂度受二叉树的深度影响，假设给定序列为有序情况，则构造的二叉排序树则只有左子树或者只有右子树，其算法退化为顺序查找；而当给定序列二叉排序树的左右子树分布比较均匀，每次查找可减少一半左右的节点数，则可提高查找效率。

因此，建立均匀的二叉排序树是提高此算法的重要因素。

3. 平衡二叉排序树

（1）定义

平衡二叉排序树（又称平衡二叉树），其定义过程和普通二叉树的一样，是一个递归过程。

平衡二叉树中每个节点为根节点的左子树和右子树深度之差的绝对值不超过 1，如图 9.8 所示。

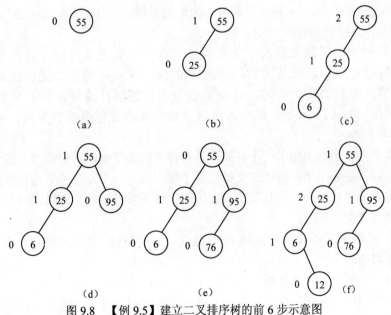

图 9.8 【例 9.5】建立二叉排序树的前 6 步示意图

数据结构（Java语言版）

说明：

① 平衡二叉树可以是一棵空树；

② 平衡二叉树某节点的左、右子树深度之差的绝对值不超过1；

③ 平衡二叉树的定义过程是一个递归过程，即以每个节点为根的子树都要满足子树深度之差的绝对值不超过 1 的条件，只要有一个不满足该条件，就不能成为平衡二叉树。

【例 9.6】 在【例 9.5】建立二叉排序树的过程中，前 6 步构成的二叉排序树如图 9.8 所示，图中节点左侧的数字表示以其为根节点的左、右子树深度之差的绝对值，其平衡情况具体如下：

图（a）所示为一棵平衡二叉排序树，其左、右子树深度之差的绝对值为 0；

图（b）所示为一棵平衡二叉排序树，其左、右子树深度之差的绝对值为 1；

图（c）所示为一棵非平衡二叉排序树，根节点的左、右子树深度之差的绝对值为 2（超过 1）；

图（d）所示为一棵平衡二叉排序树，以其每个节点为根节点的左、右子树深度之差的绝对值都没有超过 1；

图（e）所示为一棵平衡二叉排序树，以其每个节点为根节点的左、右子树深度之差的绝对值都没有超过 1；

图（f）所示为一棵非平衡二叉排序树，以 25 为根节点的的左、右子树深度之差的绝对值为 2（超过 1）。

（2）二叉排序树的平衡

当二叉树排序树不能构成平衡时，将降低查找效率，因此，二叉排序树的平衡是一个关键问题，其平衡操作主要分为两个方面，具体如下。

① 顺时针旋转型。当二叉树在以某节点为根的子树上，由于插入节点进入左子树而失去平衡时，需要进行顺时针调整。

② 逆时针旋转型。当二叉树在以某节点为根的子树上，由于插入节点进入右子树而失去平衡时，需要进行逆时针调整。

当在二叉树的左子树上插入一个左孩子节点使其失去平衡时，以该节点的父节点为支点进行顺时针旋转，使其平衡，如图 9.9（c）所示；当在二叉树的左子树上插入一个右孩子节点使其失去平衡时，以该节点为支点逆时针旋转，使其父节点成为其左孩子节点，如图 9.9（f）所示，然后再以该节点为支点进行顺时针旋转，使其平衡，如图 9.9（g）所示。

当在二叉树的右子树上插入一个右孩子节点使其失去平衡时，以该节点的父节点为支点进行逆时针旋转，使其平衡；当在二叉树的右子树上插入一个左孩子节点使其失去平衡时，以该节点为支点顺时针旋转，使其父节点成为其右孩子节点，然后再以该节点为支点进行逆时针旋转，使其平衡。

【例 9.7】 根据序列 A={55,25,6,40,48}，建立二叉排序树，在建立的过程中，当出现失去平衡时，将其调整成平衡二叉树。

（3）平衡二叉树的查找和分析

平衡二叉排序树构建成功以后，在其上进行元素的查找过程和折半查找很类似，其时间

复杂度也为 $O(\log_2 n)$。但由于平衡二叉排序数的形态比较均匀，其查找效率明显提高。

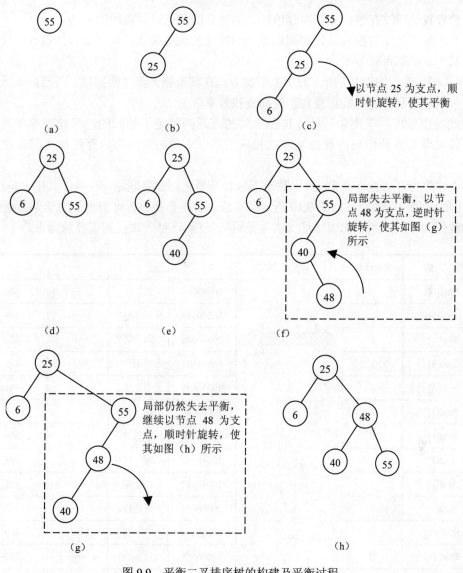

图 9.9　平衡二叉排序树的构建及平衡过程

9.6　哈希查找法

【学习任务】　理解哈希查找的定义及其提高查找效率的思想，掌握简单哈希函数的构造方法以及冲突解决方法。

以上所叙述的查找方法都是基于比较进行的，其时间复杂度（查找效率）也随着数据量的增加而增加，为了提高查找效率，可在查找数据与其在内存中的物理位置之间建立对应关系，这种方法称为哈希查找法。

9.6.1 哈希查找概念

哈希查找是通过在数据与其内存地址之间建立的关系进行查找的方法。

哈希函数是指在数据和具体物理地址之间建立的对应关系，利用这样的函数可使查找次数大大减少，提高查找效率。

【例 9.8】 设有如表 9.1 所示的学生情况表，在其数据元素（数据项）与数据地址之间建立相应关系，有利于进行数据查找，提高查找效率。

通过观察发现，学生学号前 6 位是一致的，后两位是不相同的，且排序非常有规律，因此，可取学号后两位与内存地址建立相应关系，达到在数据与内存地址之间建立关系的目的。

将上述序列存储在一个数组中，数组下标和学号之间建立联系 $y=x-44$，其中 y 是指地址，x 是学号的后两位，因此有如图 9.10 所示的对应表。在查找时，可根据学生学号后两位减 44 得到的数值为数据元素的物理地址（也为数组的下标），可一次找到需要的元素。

数　　组	物理地址	对应关系	学　　号	姓　　名	……	高考总分
Stud[0]	0		20040644	张　峻	……	484
Stud[1]	1		20040645	王　亮	……	453
Stud[2]	2		20040646	刘大亿	……	423
Stud[3]	3		20040647	罗胡忠	……	495
Stud[4]	4		20040648	奇　想	……	501
Stud[5]	5		20040649	郝大邦	……	452
Stud[6]	6		20040650	李旭河	……	459
Stud[7]	7	地址=学号后两位-44	20040651	薛　峰	……	468
Stud[8]	8		20040652	刘达乐	……	421
Stud[9]	9		20040653	王达锋	……	471
Stud[10]	10		20040654	李　强	……	469
Stud[11]	11		20040655	何小峰	……	455
Stud[12]	12		20040656	妮　东	……	435
Stud[13]	13		20040657	潘小喆	……	511
Stud[14]	14		20040658	范军魏	……	401
Stud[15]	15		20040659	魏刘明	……	455
Stud[16]	16		20040660	赵溪佳	……	489
Stud[17]	17		20040661	朱家立	……	472
Stud[18]	18		20040662	臧红利	……	463

图 9.10　表 9.1 中数据与内存地址之间的对应关系图

9.6.2 哈希函数

函数构造在哈希查找中作用非常大，将直接影响数据与物理地址之间的关系，同时也会影响查找的效率。下面介绍常用哈希函数的构造方法。

1．直接法

直接法是关键字的一个简单函数，该函数在关键字和内存地址之间建立一一对应关系。

【例 9.9】 对于关键字序列 A={1,5,9,13,17,…,81}，建立哈希函数，并实现 $y=41$ 和 $y=63$ 时的哈希查找过程。

根据题意，可在自变量和函数值之间建立一个线性函数，即公式 $y=k \cdot x+d$，可以得到：$y=4 \cdot x+1$。其中 x 是内存地址，y 是关键字序列相对应的值，其对应关系如图 9.11 所示。

内存地址	0	1	2	3	4	…	20
关键字	1	5	9	13	17	…	81
对应关系	$1=4 \cdot 0+1$	$5=4 \cdot 1+1$	$9=4 \cdot 2+1$	$13=4 \cdot 3+1$	$17=4 \cdot 4+1$	$y=k \cdot x+1$	$81=4 \cdot 20+1$

图 9.11　利用直接法构成关键字和内存地址对应关系图

在上述对应关系中，对 $y=41$ 和 $y=63$ 进行查找，其过程如下。

① 对于 $y=41$，将其带入公式 $y=4 \cdot x+1$，可得 $41=4 \cdot x+1$，则 $x=10$。

结论：数值为 41 的元素在地址为 10 的位置。

② 对于 $y=63$，将其带入公式 $y=4 \cdot x+1$，可得 $63=4 \cdot x+1$，则 $x=15.5$，非整数。

结论：数值为 63 的元素不在该序列中。

通过直接法可在关键字和内存地址之间建立关系，利用对应关系，一次就可得知查找结果是成功还是失败。

直接法对建立对应关系的关键字要求比较高，因此，可用直接法的关键字序列比较少。

2．余数法

余数法是处理针对数值型序列进行哈希查找的有效方法，其主要思路是针对给出的有序序列，通过求这些数的余数进行物理地址（或存储地址）的分配。

利用公式 $y = x \bmod p$ 实现余数法哈希函数的构造。其中：

① mod 是取余运算符；

② p 是一个整数，选取非常重要，一般选择素数（质数）；

③ p 的取值大小也很关键，一般比构成哈希列表的长度要小。

【例 9.10】 对于给定关键字序列 A={24,15,19,3,12,27,31,10,39}，利用余数法构造哈希函数，并实现 $y=31$ 和 $y=18$ 时的哈希查找过程。

根据公式 $y=x \bmod p$，当 p 取 11 时，可得：

$y=x \bmod 11$，其中 x 是关键字序列值，y 是对应的内存地址值，可知每个关键字对 11 取余的数值如图 9.12 所示。

序号	1	2	3	4	5	6	7	8	9
关键字	24	15	19	3	12	27	31	10	39
对应关系	\multicolumn{9}{c}{$y=x \bmod 11$}								
余数	2	4	8	3	1	5	9	10	6

图 9.12　利用余数法求得的关键字与余数值的对应关系图

通过对图 9.12 中的余数进行观察，发现其最小值为 1，最大值为 10，因此，可建立一个长度为 11 的数组，将余数与数组下标建立联系，即余数的值与数组元素下标一致，如图 9.13 所示。

内存地址	0	1	2	3	4	5	6	7	8	9	10
关键字		12	24	3	15	27	39		19	31	10

图 9.13　利用余数法构成关键字和内存地址的对应关系

根据图 9.13 可知，将序列 A 存放在一个长度为 11 的数组中，对 $y=31$ 和 $y=18$ 进行查找时，其过程如下。

① 对于 $y=31$，利用公式 $y=x \bmod 11$，可得 31 mod 11=9，此时，可到数组下标为 9 的数组元素中查找，结果发现，数值为 31 的元素就在该位置，查找成功。

② 对于 $y=18$，利用公式 $y=x \bmod 11$，可得 18 mod 11=7，数组下标为 7 的数组元素为空，则判断查找失败，数值为 18 的元素不在该序列中。

总结：余数法是哈希查找中经常使用的方法之一，该方法的关键是对数据的分析、余数 p 的选取以及数组空间的设置等。

3. 分析法

上述所介绍的方法都是对一些比较简单，有一定规律的数字进行哈希查找，但当遇到复杂数据时，需要对数字（或信息）进行分析而得到。

分析法其实没有一定规律，应根据给出信息的特点进行相应方法的选取，下面介绍几种常见的分析法。

（1）余数变形法

在余数法中，并不是所有序列都可以使用。

例如，对于如图 9.13 所示的内存空间，如果不是 0～10，而是 10～20，或者是 7～17，那应该如何处理呢？

这类问题属于余数变形法应该考虑的问题，即当求出一个序列中所有数的余数后，发现和对应的内存地址之间不是一一对应关系，就要进行变形。

若图 9.13 对应的余数为 10～20，可将求得的余数除以 2，得到的值与内存地址之间进行对应；若是 7～17，可用原来的余数减去 7，得到的数值与地址对应。

（2）数字分析法

数字分析法是对复杂的、位数比较多的数字进行地址分配的常用方法。

【**例 9.11**】　对于给定关键字序列 A={9453327,8765414,1075638,5469832,6095746,3265987}，利用数字分析法建立关键字与内存地址之间的关系。

将这些复杂数字各位之间进行比较：

$$
\begin{array}{ccccccc}
9 & 4 & 5 & 3 & 3 & 2 & 7 \\
8 & 7 & 6 & 5 & 4 & 1 & 4 \\
1 & 0 & 7 & 5 & 6 & 3 & 8 \\
5 & 4 & 6 & 9 & 8 & 3 & 2 \\
6 & 0 & 9 & 5 & 7 & 4 & 6 \\
3 & 2 & 6 & 5 & 9 & 8 & 7 \\
\end{array}
$$

可得，有些位数的数字分布很均匀，可做地址编号用，如每个数从左向右的第 1、5 位都不相同，可做地址编号用，而这些数的第 2、3、4、6、7 位都有重复，其中第 3、4 位重复比较多，不利于做地址编号用。而对于第 1、5 位比较，第 5 位数据比较集中，利于做编号使用，其结果如图 9.14 所示。

内存地址	…	3	4	6	5	7	8	9
关键字		9453327	8765414	1075638		6095746	5469832	3265987

图 9.14　利用数字分析法构成的关键字和内存地址的对应关系

对于数字比较集中的情况，也可选取其任意相同的两位、三位做编号，或者采用平方、开方等方法都是常用的方法。数字分析法的方法很多，也很难为其分类，需要读者多积累经验去解决。

9.6.3　冲突解决方法

1. 冲突的出现

【**例 9.12**】　给定序列 A={24,15,18,3,12,27,29,10,45}，利用余数法建立关键字与内存地址之间的关系。

根据公式 $y = x \bmod p$，仍然取 p=11，可得到如图 9.15 所示的对应关系。

序号	1	2	3	4	5	6	7	8	9
关键字	24	15	18	3	12	27	29	10	45
对应关系					$y=x \bmod 11$				
余数	2	4	7	3	1	5	7	10	1
冲突情况			与 29 冲突		与 45 冲突		与 18 冲突		与 12 冲突

图 9.15　利用取余法求得关键字和余数值以及冲突表示的对应关系图

根据图 9.15 可知，当求得的余数相同时，在分配地址空间时就会出现将多个数据放到同一地址空间的问题，称该现象为哈希查找的冲突现象。

哈希查找中的冲突现象是普遍存在，需要合理解决该问题，才能有效地使用该方法处理查找问题。

2. 冲突解决办法

（1）顺序查找法

顺序查找法是指当该空间已有数据元素存在时，就按照某种原则寻找其他空闲的内存地址空间，直到将所有元素存放位置全部确定为止。

说明：

只要分配的内存地址空间比序列元素多时，总会找到某个空间存储该元素。

查找空余空间要按照一定的原则进行，查找元素时也要按照该原则，才能顺利找到该元素。

哈希查找冲突的出现，将会降低元素的查找效率。

【例 9.13】 对于【例 9.12】所对应的序列和如图 9.15 所示的对应关系，将序列 A 进行存储并解决冲突问题。

根据图 9.15，设建立长度为 11 的数组进行存储。

首先，对于元素 24、15、18、3、12、27，根据其余数依次将其存入下标为 2、4、7、3、1、5 的对应的存储位置，其关系如图 9.16 所示。

内存地址	0	1	2	3	4	5	6	7	8	9	10
关键字		12	24	3	15	27		18			

图 9.16　利用余数法构成的关键字与内存地址之间的关系

当存储元素 29 时，其对应余数值为 7，应该将其存放到下标为 7 的位置，但该位置已经有元素（数值为 18），此时冲突出现，按照顺序查找法查看下一个位置，发现为空，将 29 存入下标为 8 的位置，将元素 10 按照余数值存入下标为 10 的位置，如图 9.17 所示。

内存地址	0	1	2	3	4	5	6	7	8	9	10
关键字		12	24	3	15	27		18	29		10

图 9.17　第一次解决冲突后关键字与内存地址之间的关系

最后存储元素 45 时，其对应余数值为 1，应该将其存入下标为 1 的位置，但该位置已经有元素（数值为 12），此时冲突再次出现，按照顺序查找法查看下一个位置，发现也有相应元素存在，依次类推，直到查看到下标为 6 的位置为空，将 45 存放到该位置，其结果如图 9.18 所示。

内存地址	0	1	2	3	4	5	6	7	8	9	10
关键字		12	24	3	15	27	45	18	29		10

图 9.18　第二次解决冲突后关键字与内存地址之间的关系

说明：

在第一次遇到冲突时，按顺序查找就得到了空余空间，将元素进行存储。在第二次遇到冲突后，经过了5次才找到空余空间（而其左侧下标为0的位置就有空余地址可利用），这说明顺序查找有时对解决冲突效果不是很好，此时可使用向两个方向查找空余空间的方法来解决冲突，即向一个方向查找空间没有成功时，再向相反方向进行查找，若仍未成功，可向右移动两个空间进行查找，然后向左，直至找到空余空间为止，即按照1，-1，2，-2，3，-3，…的顺序进行空余空间查找，解决冲突，效果会提高很多。

对于【例9.13】中，当第二次（元素45）出现冲突后，向右查找空余空间没有成功时，可向左侧查找空间，0对应的位置无元素存储，则将45存入该位置，如图9.19所示。此方法将大大提高算法效率，也可提高查找效率。

内存地址	0	1	2	3	4	5	6	7	8	9	10
关键字	45	12	24	3	15	27		18	29		10

图9.19 用双向查找法解决冲突示意图

利用顺序查找法可解决冲突的问题，但是某些元素和内存地址之间失去了对应关系，为解决该问题，使用链表法解决冲突。

（2）链表法

链表法解决冲突的思想，是将发生冲突的元素构成一个链，都连接在以该元素为头节点的链表中，这样，既实现了地址的分配，同时还保留了关键字与内存地址之间的对应关系。

【例9.14】 对于【例9.12】所给定的序列A={24,15,18,3,12,27,29,10,45}，当利用余数法建立关键字与内存地址之间的关系后，出现的冲突如图9.15所示，将其采用链表法解决冲突后所得到的结果如图9.20所示。

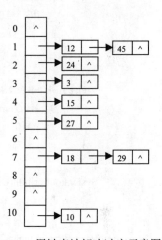

图9.20 用链表法解决冲突示意图

9.7 应用实例

【学习任务】 在学习查找相关基础知识的前提下，结合串的相关知识，理解模式匹配算法和分块查找算法的过程和程序实现。

【例9.15】 在一段英文文章中，查找某单词出现的次数。

分析：此题属于字符串模式匹配问题，也属于查找问题。

设该段英文文章存储在A= "$a_1a_2a_3a_4a_5a_6a_7\cdots a_n$" 中，预查找字符串为B= "$b_1b_2b_3\cdots b_m$"，其查找过程如下：

先使 b_1 和 a_1 进行比较，若相等，对 b_2 和 a_2 继续比较，若相等继续比较，……，如果两个字符串对应的元素均相等，则说明B在A中出现；否则，以 a_1 开头的连续 m 个元素和B不相等，则令B回到开头第一个元素位置，A回到第二个元素位置，继续比较，直至最后结束。

程序实现如下：

```java
public class WordSearch{
    public void search(String a,String c) {
        int iCount = 0;
        int iTemp = 0;
        int iSource = a.length();
        int iSearch = c.length();
        int k = 0;
        for(int i=0;i<iSource;i++) {
            if( k == iSearch){
                iCount ++;
                k = 0;
            }
            if(a.charAt(i)==c.charAt(k)){
                if(k == 0)
                    iTemp = i;
                k ++;
            }
            else if( k > 0 && k != iSearch) {
                i = iTemp + 1;
                k = 0;
            }
        }
        System.out.println(c+"子串出现的次数为： "+iCount);
    }

    public static void main(String[] args){
        String a= " Nursing at Beth Israel Hospital produces the best patient care";
        a += " possible. If we are to solve the nursing shortage, hospital ";
        a += "administration and doctors everywhere would do well to follow Beth";
        a += " Israel's example.At Beth Israel each patient is assigned to";
        a += " a primary nurse who visits at length with the patient and constructs";
        a += " a full-scale health account that covers everything from his ";
        a += " medical history to his emotional state. Then she writes a care plan";
        a += " centered on the patient's illness but which also includes everything";
        a += " else that is necessary.";

        WordSearch c=new WordSearch();
        c.search(a,"is");
    }
}
```

程序运行的结果为

子串出现的次数为：7

【例 9.16】　学生成绩分段查找统计功能。

假设一个班级有 40 名同学，根据某一学期的成绩，将其划分为 5 档，即 90 分以上、80 分～90 分、70 分～80 分、60 分～70 分、60 分以下，且每个分数段的学生人数分别为 3、7、11、14、5，对于某分数，查找是否有同学得此分数并给出得此分数段的学生数。

分析：可先确定其分数段（用折半法），然后在内部进行查找。

将所有学生成绩按照每个分数段分成若干个组，先在这些组之间建立相应的索引表，该索引表应该是有序的。

查找时先确定某同学的成绩在哪个组内，然后在组内实现查找。

程序实现如下：

```java
class FindScore{
    int count=0;
    int[][] score = new int[5][];
    public FindScore(){
        score[0] = new int[]{98,90,95};
        score[1] = new int[]{87,82,88,89,85,84,80};
        score[2] = new int[]{76,75,74,72,73,71,79,77,70,75,70};
        score[3] = new int[]{61,63,67,68,69,60,65,65,64,63,62,68,69,64};
        score[4] = new int[]{45,34,23,34,54};
    }

    private int findScore(int s){
        int g = getGroup(s);
        int[] sc = score[g];
        int count = 0;
        for(int i = 0; i < sc.length; i ++){
            if(sc[i] == s){
                count ++;
            }
        }
        return count;
    }

    int getGroup(int x){
        int low, high, mid, flag=0;
        low = 0;
        high = 4;
        x = 9 - x / 10;                         //变换 x 便于查找分组
        if(x < 0) x = 0;
        if(x > 4) x = 4;
        while(low<=high){                       //查找 x 所在分组
            mid = (low+high) / 2;
            if(x < mid)
                high = mid - 1;
```

```
            else if(x > mid)
                low = mid + 1;
            else{
                flag = mid;
                break;
            }
        }
        return flag;                                //返回 x 所在分组的索引
    }

    public static void main(String[] args) {
        FindScore    fs=new FindScore();
        int i = fs.findScore(68);
        if( i > 0)
                System.out.println("共有"+i+"个学生得此分数！");
        else
                System.out.println("没有学生得此分数！");
    }
}
```

程序运行的结果为
共有 2 个学生得此分数！

习   题

一、简答题

1. 查找和计算机其他操作中的查询是否是同一个概念？为什么？
2. 顺序查找的时间复杂度除了和查找长度有关外，还和什么有联系？如何理解？
3. 折半查找中对于数值相等的元素应该如何处理？
4. 折半查找算法与二叉排序树算法的过程是否一致？为什么？
5. 对于序列 A={23,61,3,49,85,99,126,17,68}，完成下面的题目。
   （1）利用顺序查找分别查找 x=15 和 x=99，叙述查找过程；
   （2）画图描述利用折半查找法分别查找 x=23 和 x=100 时的过程；
   （3）建立二叉排序树；
   （4）建立平衡二叉树；
   （5）简单分析二叉排序树和平衡二叉排序树在查找 x=85 和 x=120 时的算法过程。
6. 简述哈希查找的思想，并将其与顺序查找算法进行比较，试述其优缺点。
7. 自己给定某序列，并完成如下操作：
   （1）利用两种方法构造哈希函数；
   （2）对于存在冲突的问题，提出采用顺序查找解决的方案；
   （3）对于存在冲突的问题，利用链表法解决突出的方案。

二、实验题

1. 对于给定序列 A={'I', '＿', 'a', 'm', '＿', 'a', 's', 't', 'u', 'd', 'e', 'n', 't', '.' }，试利用顺序查找法编程实现查找'a'和'b'是否存在于该序列中，如果存在，求出出现的次数。

2. 对于序列 B={99,85,74,61,50,48,48,32,19,5}，利用折半查找法编程实现如下过程：

（1）判断 $x=56$ 和 $x=85$ 是否存在于该序列中；

（2）求出查找 $y=19$ 和 $y=50$ 需要比较的次数。

三、思考题

1. 折半查找中是否必须分成相等的两组？为什么？如果可以分成不相等的两组，应该如何处理？

2. 利用余数法构造哈希函数时，除数 p 选取都有哪些方面的因素限制？如何准确选取恰当的数值？

第 10 章 排序

【内容简介】
　　本章重点介绍排序的基本概念、内部排序的常用排序方法及性能分析。排序是把一组任意序列的数据元素按照某种数据项有序排列的过程。排序是数据处理的常用方法之一，同时也是其他许多数据操作的基础。排序分为内部排序和外部排序两种，其应用十分广泛，例如数据排列、数据分类等。

【知识要点】
　　◇　插入排序中直接插入排序和希尔排序方法的思想及其程序实现；
　　◇　交换排序中冒泡排序和快速排序方法的思想及其程序实现；
　　◇　选择排序中直接选择排序和堆排序方法的思想及其程序实现；
　　◇　归并排序的思想及其程序实现；
　　◇　基数排序的思想及其程序实现。

【教学提示】
　　本章共设 10 学时，理论 6 学时，实验 4 学时，重点介绍排序的基本概述、内部排序的方法及应用。内部排序的性能分析和外部排序作为本章的选学内容。本章采用理论结合工程案例的教学方法，重点要求读者掌握内部排序的应用。

10.1　实例引入

【学习任务】　通过实例引入，了解排序的概念及排序过程。
　　在实际应用中，排序经常被用到，几乎所有的软件系统都或多或少地应用排序算法解决一些问题，本节通过对学生成绩表的操作实例，说明排序在实际工程中的应用，例如，对班级成绩汇总、排序等。表 10.1 所示为某班学生的成绩表。

表 10.1　　　　　　　　　　　　　　　学生成绩列表

学　号	姓　名	数　学	语　文	历　史	地　理	体　育	英　语	政　治	总　分
1	王学亮	78	89	87	89	90	85	86	604
2	彭飞	90	70	67	75	80	86	95	563
3	李丽	87	80	78	86	85	95	83	594
4	张月梦	67	66	98	85	90	32	86	524

学 号	姓 名	数 学	语 文	历 史	地 理	体 育	英 语	政 治	总 分
5	李雪菲	98	89	83	83	86	75	87	601
6	王佳佳	90	77	62	86	85	85	83	568
7	田悦悦	85	56	90	95	80	90	82	578
8	张亮	73	90	89	97	90	82	92	613
9	张雪燕	78	87	87	85	75	75	80	567
10	李飞	89	67	88	89	80	76	83	572

该表的每列都可以作为一个排序关键字，例如以学号升序排列或者降序排列，或者以某个成绩降序排列等，这些排序操作都要通过某种算法来实现，从而在实际的软件应用系统中达到按照要求排序的目的。如表 10.1 所示学生成绩表就是按照学号升序排列学生成绩数据，在数据库或者编辑软件（如 Excel）中，可以通过选择列名对整个数据进行排序操作。通过本章学习，读者可以针对表 10.1 的每个列进行排序，也可以采用不同的排序方法实现。

10.2 排序的概念

【学习任务】 掌握排序的概念及相关概述。

所谓排序，就是对于需要整理的文件或者相关数据，使之按某个类别的数据元素（或者数据项）的递增或递减次序排列起来的过程。

排序过程中的相关概念如下：

在排序中对应的数据元素被称为"记录"（或称为"元素"），记录（或元素）可以由单个数据构成，也可以由一组数据构成，记录的集合称为"文件"（或称为"序列"），有时在内存中的文件也常被称为"表"。

对于由 n 个记录构成的序列 $\{R_1, R_2, \cdots, R_n\}$，其中 K_i 为排序时所依据的数据项，称其为关键字，关键字序列可记为 $\{K_1, K_2, \cdots, K_n\}$。排序还可以描述成对于需要整理的文件或者相关数据，使其在关键字关系 $K_{i1} \leqslant K_{i2} \leqslant \cdots \leqslant K_{in}$（或者 $K_{i1} \geqslant K_{i2} \geqslant \cdots \geqslant K_{in}$）下得到序列 $(R_{i1}, R_{i2}, \cdots, R_{in})$ 的过程。

在本章的学习过程中，为了更容易理解，把待排序文件或者相关数据称为"序列"，把具体数据称为"元素"。

10.3 排序的分类

【学习任务】 了解排序的相关分类，重点理解排序的稳定性标准及其判定方式。

10.3.1 按照存储交换分类

将排序按照存储交换分类可划分成内部排序和外部排序。

内部排序是指待排序文件或者相关数据的数据量较少，排序过程可以一次在内存中完成。

外部排序是指待排序文件或者相关数据的数据量较大，排序过程不能一次在内存中完成，还需要借助外部存储器。

10.3.2　按照内部排序的过程分类

排序按照内部排序的实际过程分类，可划分为 5 大类：插入排序、交换排序、选择排序、归并排序和基数排序，后面各节依次介绍。

10.3.3　按照排序的稳定性分类

排序按照稳定性分类可划分为：稳定排序和不稳定排序。

稳定排序是指对待排序文件或者数据记录，当关键字均不相同时，排序结果是唯一的，而在待排序文件中，若存在多个关键字相同的记录，经过排序后这些具有相同关键字的记录相对次序保持不变，则称这种排序方法为稳定排序。

不稳定排序是指对待排序文件或者数据记录，对具有相同关键字的记录经过排序后，其相对次序和原来对比发生了变化，则称这种排序方法为不稳定排序。

需要注意的是，排序是否稳定是针对于所有可能出现的排序序列而言的，而不是对于某个具体排序实例而言的，例如，排序过程在某个过程下是稳定的，但是其存在不稳定的可能，即在所有可能的排序过程中，只要存在一个特例使得排序不满足稳定性要求，则该排序算法就是不稳定的。

10.4　插入排序

【学习任务】掌握直接插入排序和希尔（Shell）排序算法的思想、实现过程及性能分析，重点理解希尔（Shell）排序的实现过程。

所谓插入排序，就是指将待排序记录 R 插入到已经排好序的文件中，得到新序列的过程。

10.4.1　直接插入排序

直接插入排序是指每次将一个元素插入到已经排好序的序列中，直到结束为止。

其基本思想为

设 $1 \leqslant i \leqslant n$，已知文件或者相关数据中的记录 $\{R_1,R_2,\cdots,R_{i-1}\}$ 已经是按照关键字 $K_1 \leqslant K_2 \leqslant \cdots \leqslant K_{i-1}$（或者 $K_1 \geqslant K_2 \geqslant \cdots \geqslant K_{i-1}$）排成一个有序的序列，现将下一个待排序记录 R_i 插入到 $\{R_1,R_2,\cdots,R_{i-1}\}$ 中，使其仍然满足有序的过程就是插入排序。设排序是从小到大的插入排序，若将 R_i 插入到 $\{R_1,R_2,\cdots,R_{i-1}\}$ 中去，首先让 R_i 和 R_{i-1}，R_{i-2}，$\cdots$ 依次进行比较，将比 R_i 大的数据依次向右移动一个位置，直至找到一个 $R_j \leqslant R_i$（$0 \leqslant j \leqslant i-1$），把 R_i 插入到 R_j 的后面，即第 $j+1$ 个位置，这就完成了插入排序过程。

【例 10.1】 将变量 b 插入到已经排序的数组 a 中。

```
int[] a = {10,21,35,62,85,90};                    //排好序的序列
int b = 30;
```

其步骤如下。

① 定义一个数组 c,其元素个数比数组 a 多 1,其定义如下:

```
int[] c = new int[a.length + 1];   //length 是数组的属性,功能是获取数组元素个数
```

② 把数组 a 的元素复制到数组 c 中,使得数组 c 包含数组 a 的所有元素,数组 c 的元素如下:

```
{10,21,35,62,85,90,0}
```

其中,0 为一个标志性数据,该标志性数据可根据需要而进行相应的设置。

③ 开始排序操作:

```
for(int i = a.length - 1; i >= 0; i--){
    if(b >= c[i]){
        c[i + 1] = b;
        break;
    }
    else{
        c[i + 1] = c[i];          //元素后移
    }
}
```

④ 排序结果:{10,21,30,35,62,85,90}。

图 10.1 所示为【例 10.1】的实现过程,其算法循环次数为 5 次。

【例 10.2】 对待排序序列{9,5,7,10,6},用直接插入方法进行从小到大的排序操作,其过程如图 10.2 所示。

```
           10   21   35   62   85   90
    i=6    10   21   35   62   85   90
    i=5    10   21   35   62   85   90
    i=4    10   21   35   62   85   90
    i=3    10   21   35   62   85   90
    i=2    10   21   30   35   62   85   90
```

图 10.1   一次直接插入排序过程

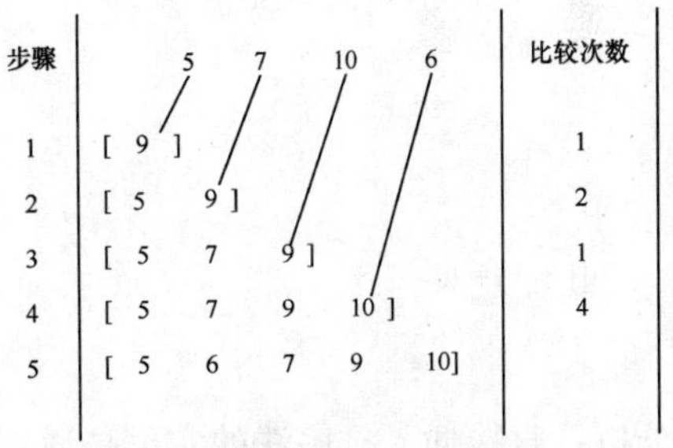

图 10.2   直接插入排序

将待排序序列的第一个元素 a_0 作为已排序序列的起点,在图 10.2 中就是第一个元素 9,后面的所有元素将依次通过直接插入排序法逐一插入已排序的序列中;对待排序序列的 n 个元素要执行 $n-1$ 次外循环,对每个待插入元素执行插入位置查找,如果发现插入位置 i,将插入位置以及后续位置的所有元素后移,再将待插入元素插入到 i 位置处。对直接插入排序法的操作过程,以升序为例,通过程序描述其排序过程如下:

```
public void insertSort(int[] a)    {
    int t;
    for(int i = 1; i < a.length; i ++){
```

```
            t=a[i];
            int j = i - 1;
            while(j >= 0){                      //对每个待插入元素寻找插入位置
                if(t < a[j])                     //发现插入位置后，执行元素移动
                    a[j+1] = a[j];               //移动元素
                else                             //如果 a[i]>a[j]，则退出内循环
                    break;
                j --;
            }
            a[j+1] = t;                          //将待插入元素放到合适的位置
        }
    }
```

该代码是针对整型或者其他数值类型，然而，Java 语言是面向对象的程序设计语言，其组织代码的方式主要是以类为单位，因此，在实施软件开发的过程中，对类的实例（对象）排序也是很常见应用。为了达到对一般类的对象进行直接插入排序操作，要求该类必须实现 Java API 接口 java.io.Comparable，该接口定义了一个比较方法 compareTo()，实现类时只要用该方法实现，就可以采用下列代码对该类的对象执行直接插入排序，以升序为例：

```
    public void InsertSort(Comparable [] a) {
        Comparable t;
        for(int i = 1; i < a.length; i ++){
            t = a[i];
            int j = i – 1;
            while(j > 0){                        //对每个待插入元素寻找插入位置
                if(t.compareTo(a[j]) < 0){
                                                 //发现插入位置后，执行元素移动
                    a[j + 1] = a[j];             //移动元素到合适的位置
                else                             //如果 a[i]>a[j]，则退出内循环
                    break;
                j --;
            }
            a[j + 1] = t;
        }
    }
```

性能分析：直接插入排序法的实现是通过对元素之间的比较和移动的方式进行的，其时间复杂度为 $O(n^2)$，n 为数据个数当待排记录的数据量非常大时，其算法复杂度也比较高。

10.4.2 希尔排序

当用直接插入排序法对大量数据进行排序时，比较和移动元素的次数非常大，算法的复杂度比较高，希尔（D.L.Shell）在 1959 年研究出另一种直接排序方法，是对直接插入排序法的改进，称为希尔排序（Shell Sort）。

希尔排序法的基本思想：先将待排记录或者数据分成若干个组，在每个组内进行直接插入排序，然后将划分的组逐步变大直到包含全部数据为止。

其过程如下：取一个序列元素个数小于 n 的整数 d_1 作为第一个增量，把全部记录分成若干组，所有距离为 d_1 倍数的记录分在同一个组中。先在各组内进行直接插入排序；然后，取第二个增量 $d_2<d_1$ 重复上述分组和排序，直至所取的增量 $d_i=1$ （$d_i<d_{i-1}<\cdots<d_2<d_1$），即所有记录放在同一组中进行直接插入排序。

从希尔排序法的基本思想可以看出，该排序法实质上是一种分组插入排序法。

设待排序序列{23,56,70,25,12,32,50,59,82,16}，现利用希尔排序法对该序列进行排序，以升序为例，其排序过程如图 10.3 所示。

在希尔排序过程中，每个增量子序列均执行直接插入排序操作，使得每个子序列中的元素都能够按照顺序排列，从而组合成新的有序序列，直到增量减为

```
排序序列: 23 56 70 25 12 32 50 59 82 16
    d=5,得到子序列:
   第一组:  23              32
   第二组:     50              56
   第三组:        59              70
   第四组:           25              82
   第五组:              12              16
执行结果: 23 50 59 25 12 32 56 70 82 16
    d=2,得到子序列:
   第一组: 12  23  56  59  82
   第二组: 16  25  32  50  70
执行结果: 12 16 23 25 56 32 50 59 82 70
    d=1,得到子序列:
       12 16 23 25 32 50 56 59 70 82
        图 10.3  希尔排序
```

1 时，排序完成。需要注意的是：增量 d 的最后一个值必须是 1，否则不能完成希尔排序。希尔排序实际上是在一个基本有序的序列上进行排序，其算法的执行效果最好。

根据希尔排序的思想，可通过算法程序实现，使该算法程序中的参数 d 为排序过程中所使用的增量。

算法程序如下：

```java
public void shellOne(Comparable[] a, int d){
    int t;
    int n = a.length;
    int j = 0;
    for(int i = d; i < n; i ++){                //对每组子序列执行插入操作
      if(a[i].compareTo(a[i - d]) < 0){
            t = a[i];
            j = i - d;
          do {                                  //查找 a[i]的插入位置
            a[j+d] = a[j];                       //后移记录
            j = j - d;                           //查找下一个记录
            }while(j>0 && t.compareTo(a[j]) < 0);
            a[j+d]=t;                            //插入 a[i]到正确的位置上
        }
    }
}

public void shellSort(Comparable[] a){
    int incr = a.length;
    do {
        incr = incr / 2;                         //求下一增量，在这里增量通过除以 2 获得
        shellOne(a, incr);                       //一趟增量为 incr 的希尔排序
    }while(incr>=1);
}
```

希尔排序的执行时间依赖于增量序列，希尔排序增量序列的选择具有如下共同的特征：

① 最后一个增量必须为 1，d 的取值一般不取 2 的倍数或者整数次幂的形式；

② 应该尽量避免序列中的值（尤其是相邻的值）互为倍数的情况；

③ 希尔排序的性能分析过程比较复杂，经过大量实验得出，其时间复杂度为 $O(n^{3/2})$。

10.5 交换排序

【学习任务】 掌握冒泡排序和快速排序的思想、实现过程，重点掌握快速排序对冒泡排序改进的思路。

所谓交换排序，就是根据序列中两个记录的关键字比较结果判断，是否交换这两个记录在序列中的位置，交换排序一趟后将关键字最大（或最小）的记录调整到最后一个记录的位置。每趟不断地重复交换，直至所有记录都按照一定的顺序排列为止。在交换的过程中，已经完成交换的记录不再参与下一趟交换，也就是说，在交换排序过程中，后一趟总是比前一趟少一个记录，元素比较的次数也减少 1 次。

交换排序包括冒泡排序和快速排序。

10.5.1 冒泡排序

冒泡排序是一种简单的交换排序，其排序过程为：对于相邻的元素进行大小比较，如果满足排序要求，则不进行交换，否则将两个数进行交换。

设待排序序列{30, 12, 52, 23, 15, 65, 31, 58, 20,63}，按照升序的顺序排列其元素，首先将序列中的元素按照如图 10.4 所示的方式进行排列，图 10.4 中将待排序序列中的元素按照自下而上的方式进行升序排列。当第一趟排序完成后，元素中最大的一个被调整到序列最上面的位置，这种排序方法就像水中的气泡一样，从水底冒上来，因此称这种排序方法为冒泡排序（起泡排序）。

因为冒泡排序进行每趟排序（以升序为例）都在序列的上面产生一个气泡（待排序序列中关键字最大的一个），在经过 i 趟排序后，序列中就有 i 个气泡，对于一个由 n 个元素构成的序列，整个冒泡排序过程中至多需要进行 $n-1$ 次排序。在第一趟排序中，元素之间需要两两比较 $n-1$ 次，最多交换 $n-1$ 次，以此类推，第 i 趟需要比较 $n-i$ 次，最多交换 $n-i$ 次。

对于待排序序列，若某一趟排序中未发现序列中元素位置的交换，则说明待排序序列中的所有元素均已排序，即元素已经按照从上到下、从大到小的顺序排列，因此，冒泡排序过程可以在此趟排序后终止。这时整个序列已达到有序状态。设有待排序序列{10,50,11,23,27,26,30,36}，经过两趟冒泡排序后，待排序序列就已经成为有序序列，即完成了排序操作，排序过程即可结束，如图 10.5 所示。因此，在算法程序实现中设置一个 flag 标志变量，记录在排序每一趟操作过程中，是否发生了元素交换，如果交换没有发生，就结束排序操作，代码如下：

```
public void bubble(Comparable[] a){
    Comparable t;                        //交换时的临时变量
```

```
    int n = a.length;                        //获取元素个数
    boolean flag;                            //flag 标记是否有交换发生
    for(int i = 1; i < n - 1; i ++){
        flag = false;
        for(int j = 0; j <= n – i; j ++){    //执行冒泡排序
            if(a[j] compareTo(a[j+1])>0) {   //调用比较方法进行比较
                t = a[j];                    //交换元素位置
                a[j] = a[j+1];
                a[j+1] = t;
                flag = true;
            }
        }
        if(!flag){                           //如果没有交换发生，排序结束
            break;
        }
    }
}
```

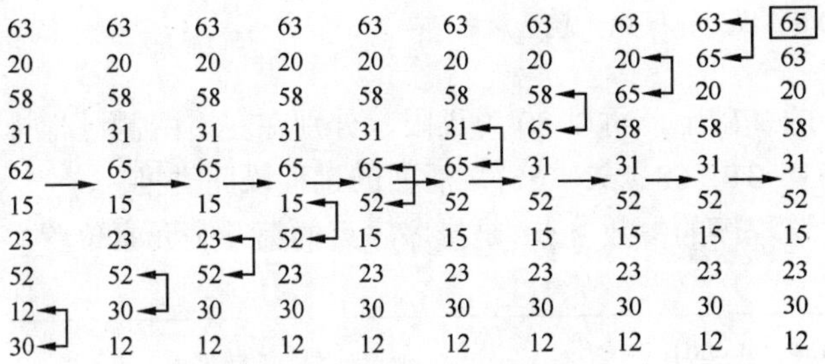

63	63	63	63	63	63	63	63	65
20	20	20	20	20	20	20	65	63
58	58	58	58	58	58	65	20	20
31	31	31	31	31	65	58	58	58
62	65	65	65	65	31	31	31	31
15	15	15	15	52	52	52	52	52
23	23	23	52	15	15	15	15	15
52	52	52	23	23	23	23	23	23
12	30	30	30	30	30	30	30	30
30	12	12	12	12	12	12	12	12

图 10.4　冒泡排序第一趟后的结果

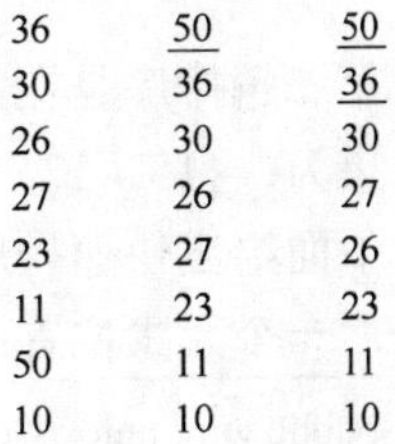

36	50	50
30	36	36
26	30	30
27	26	27
23	27	26
11	23	23
50	11	11
10	10	10

图 10.5　冒泡排序

　　冒泡排序是一种基于相邻元素之间位置交换的排序方法，其算法的复杂度与待排序序列的初始状态有直接关系，其平均时间复杂度为 $O(n^2)$，n 为待排序元素的个数。

10.5.2　快速排序

　　快速排序（Quick Sort）是交换排序的另一种排序方法，又称为分区交换排序法，是对冒泡排序方法的改进。

　　快速排序的基本思想（以升序为例）：在待排序的 n 个元素中任取一个元素（一般取第一个元素），以该元素的关键字作为排序的标准元素，将所有元素分为两组（这两组内部一般都是无序的），对于比标准元素关键字小或者相等的元素，放在标准元素的左边一组，比标准元素关键字大的元素放在标准元素的右边一组，称此为一趟快速排序，对得到的两组记录分别重复上述的操作，直到完成整个排序。

　　设对待排序序列{30, 12, 52, 23, 15, 65, 31, 58, 20,63}进行排序，将其按照快速排序方法进行操作，第一趟排序过程如图 10.6 所示。

　　在算法实现中，关键字为 30 的元素在每次"交换"中并不移动它的存储位置；仅在 i=j 时，即找到它的"准确"位置，才移入该位置。

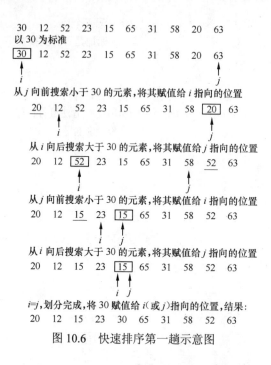

图 10.6　快速排序第一趟示意图

第二趟排序是在第一趟排序结果的基础上，再以 30 为界限，分别在左右两侧进行排序，其结果为：{15　12　20　23　30　63　31　58　52　65}，后面的过程以此类推。

下面给出快速排序的算法程序，该程序的参数 start 是排序序列的第一个元素位置，end 为最后一个元素位置：

```java
public void quick(Comparable[] c, int start, int end){
    Comparable tmp = c[start];                          //取出标准
    int n = end-start + 1;                               //参与排序的元素个数
    int i = start, j = end;
    while(i < j){
        while(c[j].compareTo( tmp) > 0 && i < j){       //从 j 开始搜索小于标准关键字的值
            j--;
        }
        if(i < j){                  //出现小于标准关键字的值后，将 j 对应的值放到 i 位置处
            c[i] = c[j];   i ++;
        }
        while(c[i].compareTo(tmp) <= 0 && i < j){   //从 i 向后搜索，找出大于标准关键字的值
            i++;
        }
        if(i<j){                    //出现大于标准关键字的值后，将 i 处的值放入 j 处
            c[j] = c[i];   j--;
        }
    }
    c[i]=tmp;                       //完成一趟搜索后，把标准值放入合适位置
    if(start < i-1) quick(c, start, i-1);               //对左子序列进行划分
```

```
    if(end > i+1) quick(c, i+1, end);        //对右子序列进行划分
    }
```

10.6　选择排序

【学习任务】　掌握直接选择排序和堆排序的思想、程序实现，重点掌握堆排序对直接选择排序的改进思想。

插入排序法和交换排序法主要是以移动和变换数据元素来实现的，其主要过程也是通过元素之间的比较和交换来实现排序的。本节将介绍一种新的排序算法——选择排序。

选择排序的基本思想是：对待排序序列 $\{a_1,a_2,\cdots,a_n\}$ 进行 n 次选择操作，其中第 i 次操作是选择第 i 个较小（或较大）的元素放在第 i 个（或 $n-i+1$ 个）元素的位置上，该排序是通过比较选择需要交换的数据，进行数据位置交换。

选择排序包括直接选择排序和堆排序。

10.6.1　直接选择排序

对于具有 n 个元素的待排序序列，以升序为例，其直接选择排序的步骤如下：

① 从待排序序列中，找到关键字最小的元素；

② 如果关键字最小的元素不是第一个，把关键字最小的元素与第一个元素交换；

③ 从余下的 $n-1$ 个元素中，找出关键字最小的元素，重复步骤①、②，直到排序结束。

直接选择排序经过 $n-1$ 次排序后将得到整个序列的有序序列。

设待排序序列的初始值为 $\{30,25,12,37,15,58,23,29,8,13\}$，对其进行直接选择排序，其过程如图 10.7 所示，以升序为例，直接选择排序的具体算法程序如下：

```
public void selectSort(Comparable[] c) {
    Comparable min,t;                        //最小元素临时存储变量 min
    int mIndex = 0;                          //记录最小元素的当前索引
    int n = c.length;
    for(int i = 0; i < n; i ++) {            //对 n 个元素进行遍历
        min = c[i];                          //重新初始化临时变量
        mIndex = i;
        for(int j = i + 1; j < n; j ++){     //查找最小元素
            if(c[j].compareTo(min) <0){
                min = c[j];
                mIndex = j;
            }
        }
        if(mIndex != i) {                    //min 为最小，如果不在 i 处，进行交换
            t = c[i];
            c[i] = c[mIndex];
            c[mIndex] = t;
```

```
          }
       }
   }
```

从如图 10.7 所示的排序过程可以看出，直接选择排序的每一趟，都使序列的前边有序部分按照顺序增加一个元素，直至序列有序，排序结束。直接插入排序是通过增加比较次数来降低元素移动的次数，其时间复杂度为 $O(n^2)$，n 为待排序元素的个数。

初始序列	30	25	12	37	15	58	23	29	8	13
i=0	**8**	25	12	37	15	58	23	29	**30**	13
i=1	8	**12**	**25**	37	15	58	23	29	30	13
i=2	8	12	**13**	37	15	58	23	29	30	**25**
i=3	8	12	13	**15**	**37**	58	23	29	30	25
i=4	8	12	13	15	**23**	58	**37**	29	30	25
i=5	8	12	13	15	23	**25**	37	29	30	**58**
i=6	8	12	13	15	23	25	**29**	**37**	30	58
i=7	8	12	13	15	23	25	29	**30**	**37**	58

图 10.7　直接选择排序

10.6.2　堆排序

直接选择排序算法需要进行较多次的比较操作，并且其中包含了多次重复性比较。堆排序是对直接选择排序的改进。

堆排序（Heap Sort）是由威洛姆斯（J.williams）于 1964 年提出的，该排序是依据完全二叉树的选择排序，在排序过程中，将待排序序列看成是一棵完全二叉树的顺序存储结构，利用完全二叉树中双亲节点以及孩子节点之间的内在关系来选择最小（或最大）元素。

堆的定义：具有 n 个元素的待排序序列 $\{R_1,R_2,\cdots,R_n\}$，其关键字序列为 $\{K_1,K_2,\cdots,K_n\}$，当且仅当满足下列条件之一时，该序列被称为堆：

① $K_i \leqslant K_{2i}$（$2i \leqslant n$），且 $K_i \leqslant K_{2i+1}$（$2i+1 \leqslant n$）；

② $K_i \geqslant K_{2i}$（$2i \leqslant n$），且 $K_i \geqslant K_{2i+1}$（$2i+1 \leqslant n$）。

当一个序列满足条件①时，称为小根堆，适用于从小到大的排序；满足条件②时，称为大根堆，适合从大到小的排序。

堆排序的基本思想：利用小根堆（或大根堆）来选取当前无序序列中关键字最小（或最大）的记录来排序。以大根堆排序为例，堆排序的排序过程描述如下。

（1）建立一个堆结构

按照堆定义中给出的条件②，先选取 i=n/2（这一定是第 n 个节点的双亲节点编号），把以节点 i 为根的子树调整为堆；再将节点 i 向前变换，i=i-1，再重复把以节点 i 为根的子树调整为堆，直至 i=1 结束，初始建堆完成。

设有待排序序列 $\{12,56,23,26,15,85,92,75,65\}$，该序列中共包含 9 个元素，根据堆结构建立方法选取 i=4，则对待排序序列的初始建堆过程如图 10.8 所示。

从上面的算法实现过程可以看出，将节点的关键字 k_i 和 k_{2i}、k_{2i+1} 比较，如果 k_i 比 k_{2i} 和

k_{2i+1} 都大，则不进行调整；如果节点 i 的某个子节点的关键字大于 k_i，则子节点上移；如果两个子节点都大于 k_i，则把两个子节点中较大的一个上移，k_i 再与下一层的左右子节点关键字比较，直至所有层的左右子节点关键字均不大于 k_i 或左右子节点不存在，则建堆结束。

（2）堆排序（以降序为例）

在整个堆中，树根元素关键字最大，把树根先输出，并将堆中的最后一个元素移至堆顶，对新的二叉树再进行调整，使得满足堆条件，再输出树根，重复进行这样的操作，直至完成整个排序。图 10.9 所示为堆排序的过程。

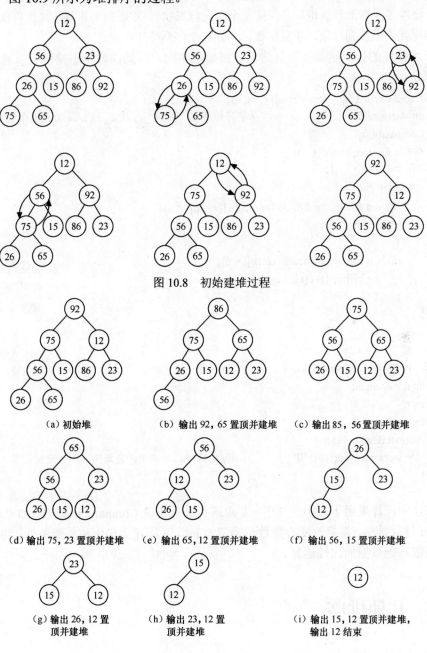

图 10.8　初始建堆过程

（a）初始堆　　　（b）输出 92，65 置顶并建堆　　　（c）输出 85，56 置顶并建堆

（d）输出 75，23 置顶并建堆　　　（e）输出 65，12 置顶并建堆　　　（f）输出 56，15 置顶并建堆

（g）输出 26，12 置顶并建堆　　　（h）输出 23，12 置顶并建堆　　　（i）输出 15，12 置顶并建堆，输出 12 结束

图 10.9　堆排序过程

通过上述两个步骤可以看出，堆排序过程需要解决两个问题，即如何将 n 个元素的关键字记录建成堆（小根堆或大根堆），并且在输出堆顶元素后，如何对余下的元素重新调整成堆。

根据完全二叉树的性质特点可知，当 $i=1$（节点从 1 开始编号）时，该节点为树根节点，$2i \leq n$，则节点 i 有左孩子节点，否则无左孩子节点；同样的，如果 $2i+1 \leq n$，则 i 节点有右孩子节点，否则无右孩子节点。

对待排序序列进行堆排序，可以分成两个步骤完成：建堆过程和堆排序过程。在输出堆顶元素后，将堆尾元素上移到堆顶（保持完全二叉树形状），重新调整恢复成堆，再次输出堆顶元素并将堆尾元素上移到堆顶，重复操作，直到整个序列排序结束。

由于堆排序的每一趟都在重复建堆和调整堆结构，因此，堆排序操作可以通过递归方式实现其算法：

```java
public void createHeap(Comparable[] c, int n){
    int start = n / 2 - 1;              //取开始节点，数组下标从 0 开始，n 为元素个数
    Comparable t;
    for(int i = start; i >= 0; i --){
        int k = 2 * i + 1;
        int m = 2 * i + 2;
        if(k < n && m < n && c[k].compareTo(c[m]) < 0){
            k = m;
        }
        if(k < n && c[i].compareTo(c[k]) < 0){
            t = c[i]; c[i] = c[k];   c[k] = t;
        }
    }
}

public void heap(Comparable[] c) {            //堆排序
    int n = c.length;
    int t;
    for(int i = n - 1; i >= 0; i --){
        createHeap(c, i+1);
        System.out.print(c[0]+"\t");          //输出排序后的结果，建堆后 c[0]是最大元素
    }
}
```

在算法中同样采用了对类的排序，要求该类必须实现 Comparable 接口，如果希望对基础数据如 int 进行排序，需要改变参数数组类型为 int，以及 if 语句中的判断条件，将 compareTo 方法变换成基础数据的比较运算。

10.7 其他排序

【学习任务】 掌握归并排序和基数排序的思想、程序实现。

10.7.1 归并排序

归并排序是将两个或者两个以上的有序序列归并成一个新有序序列的过程。

归并排序法的基本思想是：若待排序序列中有 n 个记录，设这 n 个记录分别都是有序的，然后进行归并，将相邻的有序子序列归并成一个新的有序子序列，再将有序子序列继续归并，该过程循环进行，直至整个序列有序。

根据归并子序列的数目，可分 n 路归并，常用的归并有二路归并。对于二路归并，开始时只有一个元素的有序子序列两两归并，最后剩余元素如果为单数，则该元素自己为一组，得到两个元素的有序子序列，将该序列两两组合，再次进行归并，得到具有 4 个元素的有序子序列，重复归并，直至 n 个元素的序列成为有序序列。

下面以二路归并为例，讨论归并算法。设有待排序序列{20,23,12,58,61,53,89,75,35,55,78}，对该序列进行二路归并排序，如图 10.10 所示。

对于待排序序列，通过二路归并排序法进行排序，将两个有序序列 R[$t\cdots m-1$]和 R[$m\cdots n$]归并为有序序列 R1[$t\cdots n$]，其过程描述如下（以降序排序为例）：

```
20  23  12  58  61  53  89  75  35  55  78
第一趟： 20  23  12  58  53  61  75  89  35  55  78
第二趟： 12  20  23  58  53  61  75  89  35  55  78
第三趟： 12  20  23  53  58  61  75  89  35  55  78
第四趟： 12  20  23  35  53  55  58  89  75  78  89
```

图 10.10　二路归并排序示意图

① 先设定局部变量 i = t; j=m; k=t;
② 如果 i< m && j < n，执行排序操作；
③ 比较两个序列对应元素的大小，如果 R[i] > R[j]，则 R1[k] = R[i]，并执行 i++,k++;
④ 否则 R1[k] = R[j],j++,k++;
⑤ 重复执行步骤②～④；
⑥ 如果 i<=m-1，把余下的元素存入 R1;
⑦ 如果 j<=n，把余下的元素存入 R1。

依据上面的操作步骤，二路归并算法的程序如下：

```java
public void mergeSingle(Comparable[] c, Comparable[] c1, int start1, int start2, int len){
//参数 start1 是第一组数据的起始位置，start2 为第二组起始位置，len 是每组元素个数
    int i = start1;                      //i 从第一个有序序列遍历
    int j = start2;                      //j 从第二个有序序列遍历
    int k = start1;
    int clen2 = c.length;
    while(i < start2 && j < start2 + len && j < clen2){
        if(c[i].compareTo(c[j])<0){
            c1[k] = c[i];  i ++;
        }else{
            c1[k] = c[j];  j ++;
        }
        k ++;
    }
    while(i < start2)  {
        c1[k] = c[i]; k ++;        i ++;
    }
```

```
        while(j <= start2 + len && j < clen2){
            c1[k] = c[j]; k ++;   j ++;
        }
    }

    public void mergeOne(Comparable[] c, Comparable[] c1, int len){
    //len 是每次比较时单个组中的元素个数
        int i = 0;                              //从记录第一个开始
        int t,m;
        int clen = c.length;
        while(clen - i > len)/2 * len)  {
            t = i;   m = t + len;
            mergeSingle(c,c1,t,m,len);
            i = m + len;                        //继续下一组归并
        }
    }

    public void merge(Comparable[] c, Comparable[] c1)      {
        int len = 1;                            //第一次长度为 1
        while(len < c1.length){
            mergeOne(c, c1, len);               //走完一趟后 c 存储到 c1
            len = len * 2;
            mergeOne(c1, c, len);               //走完一趟后 c1 回到 c
            len = len * 2;
        }
    }
}
```

说明：

二路归并需要一个与原集合相等长度的辅助空间，在上述算法中辅助空间是通过数组 c1 实现的。

10.7.2　基数排序

基数排序是一种多关键字排序思想，其基本思路为：先根据多个关键字分别排序，再将其合并到一起；多关键字排序按照从最主要关键字到最次要关键字或者从最次要关键字到最主要关键字的顺序逐次排序。

玩过扑克牌的人都知道，扑克牌具有花色和面值，这样就可以将 52 张扑克牌按照花色和面值进行排序，且以花色为主关键字，面值为次关键字，关系如下：

花色：黑桃 ＞ 红桃 ＞ 梅花 ＞ 方块

面值：A ＞ K ＞ Q ＞ J ＞ 10 ＞ 9 ＞ 8 ＞ 7 ＞ 6 ＞ 5 ＞ 4 ＞ 3 ＞ 2

按照上述关系，即可对扑克牌进行排序操作，按照降序排列，即

黑桃 A，…，3，2，红桃 A，…，3，2，梅花 A，…，3，2，方块 A，…，3，2

可以看出两张牌，花色相同，就按照面值比较；花色不同，按照花色比较即可。这就是

多关键字排序。

在该排序中，首先考虑关键字之间的关系，将关键字排成序列，然后按照次顺序进行排序。多关键字排序，可以将基数分为以下两种。

（1）高级别关键字优先法

先将关键字排出相应的顺序（由高到低的顺序），再按每个关键字进行排序，先按级别最高的关键字进行排序，接着再根据次高级别的关键字进行排序，依次类推，直到根据最低级别的关键字进行排序，最后将得到按照每个关键字排序得出的序列，该序列按照由高到低的顺序产生一个完整的新有序序列。

（2）低级别关键字优先法

先将关键字排出相应的顺序（由低到高的顺序），再按每个关键字进行排序，先按级别最低的关键字进行排序，接着再根据次低级别的关键字进行排序，依次类推，直到根据最高级别的关键字进行排序，最后将得到按照每个关键字排序得出的序列，该序列按照由低到高的顺序产生一个完整的新有序序列。对于待排序序列{231,562,152,625,321,587,126,56,92,58}，根据基数排序法对该序列进行排序，要求从小到大排序，按照最低级别关键字优先法描述如下。

① 首先根据最低位（个位）有效数字分配，如表 10.2 所示，将最低位按照数字分别放在合适的数字下，有 0～9 共 10 种情况。

表 10.2　　　　　　　　　　　　按照最低级别关键字优先法排序

0	1	2	3	4	5	6	7	8	9
		92							
	321	152				56			
	231	562			625	126	587	58	

② 将放入的数字从下到上进行收集，这样序列已经是低位有序序列：

{231,321,562,152,92,625,126,56,587,58}

③ 按照次低位有效数字再进行分配，如表 10.3 所示，将次低位按照数字分别放在合适的数字下。

表 10.3　　　　　　　　　　　　按照次低级别关键字优先法排序

0	1	2	3	4	5	6	7	8	9
		126							
		625			56			58	
		321	231		152	562		587	92

④ 对结果收集后，得到如下序列：{321,625,126,231,152,56,562,587,58,92}。继续按照下一个次低位（在这里是最高位）进行分配，如表 10.4 所示。

表 10.4 <span></span> 按照最高级别关键字优先法排序

0	1	2	3	4	5	6	7	8	9
092									
058	152				587				
056	126	231	321		562	625			

⑤ 再对分配结果进行收集，得到序列{56,58,92,126,152,231,321,562,587,625}，这时序列已经有序，排序结束。注意：分配也已经达到了最高位。

可以看出对于有 n 个记录的待排序序列，其关键字每位上的数字都为 0～9 共有 10 种可能性，因此选择基数为 10，在进行分配时将需要 10 个队列，根据关键字最多位数为 m，需要进行 m 次分配和收集操作。

10.8   排序的工程应用举例

【学习任务】   在学习排序相关基础知识的前提下，理解实例的分析过程及程序实现。

【例 10.3】   在学生信息管理系统中，需要通过学号、班级、年龄段等信息查找相关的学生资料，查询结果以列表形式显示，如表 10.5 所示。用户看到该界面后，若对每个列标题进行选择操作，该操作可实现以所选择列为关键字对查询结果进行排序。

表 10.5 <span></span> 学生信息查询结果

序　号	姓　名	性　别	年　龄	班　级
20060301	张彭	男	19	媒体 0601
20060302	刘烨	女	20	媒体 0601
20060303	宋琪	女	18	媒体 0601
20060304	李美丽	女	21	媒体 0601
20060305	王小强	男	22	媒体 0601

分析：通过查询结果列表可以看出，每个记录基本内容是相同的，都包括了学号、姓名、性别、年龄和班级，这样可以构造一个类 Student，该类包含了列表中所列出的所有属性信息，并使得该类具有必要的排序操作，类的定义如下：

实现代码如下：

```
class Student implements Comparable{        //通过类描述学生的资料，实现接口 Comparable
    String stuno;                           //学号
    String stuname;                         //学生姓名
    String sex;                             //学生性别
    int age;                                //年龄
    int stuclass;                           //学生所在班级
```

```
        public int getAge() {
            return age;
        }
        public void setAge(int age) {
            this.age = age;
        }
        public String getSex() {
            return sex;
        }
        public void setSex(String sex) {
            this.sex = sex;
        }
        public int getStuclass() {
            return stuclass;
        }
        public void setStuclass(int stuclass) {
            this.stuclass = stuclass;
        }
        public String getStuname() {
            return stuname;
        }
        public void setStuname(String stuname) {
            this.stuname = stuname;
        }
        public String getStuno() {
            return stuno;
        }
        public void setStuno(String stuno) {
            this.stuno = stuno;
        }
        public int compareTo(Object obj) {              //通过学号排序
            Student s = (Student)obj;
            return this.stuno.compareTo(s.stuno);
        }
    }

class QuickSort {                                       //通过快速排序法进行排序
    public void quick(Comparable[] c, int start, int end){
        Comparable tmp = c[start];                      //取出标准
        int n = end - start + 1;                        //参与排序的元素个数
        int i = start, j = end;
        while(i < j){
            while(c[j].compareTo(tmp) > 0 && i < j){
                j--;
```

```
            }
            if(i < j){
                c[i] = c[j];
                i++;
            }
            while(c[i].compareTo(tmp)<= 0 && i < j){
                i++;
            }
            if(i<j){
                c[j] = c[i];
                j--;
            }
        }
        c[i]=tmp;
        if(start < i-1) quick(c, start, i-1);          //对左子序列进行划分
        if(end > i + 1) quick(c, i+1, end);            //对右子序列进行划分
    }
}
```

程序运行的结果为

见表 10.5

需要注意的是，在这里采用的是快速排序，也可以通过冒泡排序或者其他排序方法进行排序。该程序主要以学号为排序关键字，其结果如表 10.5 所示，也可以以姓名、年龄等其他属性作为关键字进行排序，排序时将方法 compareTo 进行修改即可。如果需要通过程序变换排序关键字，可以增加一个排序关键字属性给类 Student，这样在方法 compareTo 中可以根据不同的关键字进行不同的判断，达到按照指定关键字排序的目的，请读者自行实现。

习　　题

一、简答题

1. 为什么要对数据进行排序？排序都有哪些应用？

2. 简述冒泡排序算法的基本思想。

3. 简述快速排序算法的基本思想。

4. 在冒泡排序中，当某一趟排序未发生数据交换，是否可以结束排序过程，为什么？

5. 直接插入排序和希尔排序有什么联系？

6. 简述两路归并排序的基本思想。

7. 设 d=5，用图示描述对关键字序列{32,58,15,26,98,75,68,29,35,55}进行希尔升序排序的过程。

8. 用图示描述通过堆排序对关键字序列{56,85,12,32,69,75,33}进行排序的过程。

二、实验题

1. 针对单链表存储结构，写出直接插入排序算法。

2. 针对类 Information，写出以类中的属性 update 和 id 为关键字的排序实现，分别采用希尔排序、归并排序、快速排序、堆排序和插入排序实现算法。类定义如下：

```
public class Information{
    private java.util.Date update;  //内容更新日期
    private int id;                 //内容编号
    private String title;           //标题
    private String content;         //信息内容
    public void setUpdate(java.util.Date d){update = d;}
    public void setId(int id){this.id = id;}
    public void setTitle(String t){title = t;}
    public void setContent(String co){content = co;}
    public java.util.Date getUpdate(){return update;}
    public int getId(){return id;}
    public String getTitle(){return title;}
    public String getContent(){return content;}
}
```

三、思考题

1. 针对商品信息数据，按照商品编号进行排序，商品信息可包括编号、名称、单价、数量、供货商等。要求：写出冒泡排序、插入排序、快速排序等算法程序。

2. 通过设计算法，对一个数组进行排序。要求：算法采用希尔排序、直接选择排序以及堆排序等。

参 考 文 献

[1] 严蔚敏. 数据结构. 北京：清华大学出版社，2000

[2] 黄国瑜，叶乃菁. 数据结构（Java 语言版）. 北京：清华大学出版社，2002

[3] 马秋菊. 数据结构（C 语言描述）. 北京：中国水利水电出版社，2006

[4] 叶核亚. 数据结构（Java 版）. 北京：电子工业出版社，2004

[5] 李春葆. 数据结构教程. 北京：清华大学出版社，2005

[6] 辛运帏等. Java 程序设计. 北京：清华大学出版社，2001

[7] 徐孝凯等. 数据结构简明教程. 北京：清华大学出版社，2005

[8] Adam Drozdek. 周翔等译. 数据结构与算法（Java 语言版）. 周翔，王建芬，黄小青译. 北京：机械工程出版社，2003

[9] [美] Clifford A. Shaffer 著. A Practical Introduction to Data Structures and Algorithm Analysis（Java Edition）. 北京：电子工业出版社，2002

[10] Y. Daniel Liang. Java 编程原理与实践（第 4 版）. 马海军，景丽等译. 北京：清华大学出版社，2005

[11] 谈春媛，江红. 数据结构. 北京：电子工业出版社，1997